新数学講座12 ──── 田村一郎・木村俊房＝編

計算数学

和田秀男 著

朝倉書店

まえがき

　コンピュータは魔物である．ソフトを利用する方法ばかりを覚え，考えないで使うと，その人から考える力を奪い，頭脳の活力を奪い，退化させる．しかし考えながら使えば，これほど強力なものはない．どのような人も何か考えるためには具体的なイメージがなければできない．そのためにこの本はまずコンピュータがどのように計算するか，どのように判断するかという原理をできるだけ具体的に書いた．

　次に暗号のために必要な大きな自然数の素因子分解や，数式処理のときに必要な多項式の素因子分解，およびネットワークのときに必要なコード理論の数学的原理を書いた．できるだけ易しく書いたので入門書として使えると思う．最後の章は少し難しくなってしまったが，コンピュータと数学の接点として大切なグレブナー基底について基本的な部分を書いた．今後グレブナー基底の重要性は増すであろう．

　第1章は2進法を使って正の数と負の数の表し方，小数の表し方，また，あとで演算回路を作るときに必要な事柄をまとめた．

　第2章はすべてのプログラムの基礎である機械語についてまとめた．たった7つしか命令はないけれど，どのように計算するか，どのように判断するか，については説明できたと思う．プログラム内蔵方式を理解すれば，プログラムの本質がわかると思う．

　第3章は機械語をどのように実行するかということの説明の準備として，論

理回路について説明した．すべて電磁石のみを使って説明したので，具体的な感覚が得られると思う．

第4章はコンピュータの心臓の働きをするパルスに合わせて，コンピュータがどのように命令を実行し，判断を行うかを説明した．

第5章からは数学的な話になる．ここでは大きな自然数の素因数分解をいかに実行するかが，中心的な話になる．公開鍵暗号と素因数分解が密接に結ばれているので，ネットワークの中に，いかに安全に情報を流すか，ということのために，大切である．

第6章は整数係数の多項式の素因数分解をコンピュータがいかに自動的に行うか，ということをまとめた．数式処理の第一歩として，大切である．

第7章は誤り訂正符号について，説明した．通信網のなかに雑音が入ってきても，少し余裕をこめて情報を送れば復元できる，という内容である．

第8章はグレブナー基底という新しい内容ではあるが，数学のなかにユークリッドの互助法のようなアルゴリズムを導入するという強い力を持っていて，これから発展していくと思う．ある集合のなかに最小値があるということと，その最小値を求めることとは，まったく別のことである．その違いを味わうだけでも，面白い．

証明はできるだけ省略しないようにした．平方剰余の相互法則の証明は少し難しいので，付録にまわした．また楕円曲線の結合法則や，代数曲線のリーマン・ロッホの定理については，証明を略した．しかし，有限体とは何かについて，できるだけ具体的に説明しようと試みた．集合を組み分けする，ということに慣れさえすれば，有限体は身近なものになる．

以前私の院生であった柴木恒一君，河本進君には原稿を読んでもらい，いろいろ訂正できた．この本は $\TeX$ で書かれている．著者が $\TeX$ に慣れていないこともあって，出版がだいぶ遅れてしまった．朝倉書店には辛抱づよく原稿を待ってもらった．上記の方々に感謝致します．

2000年8月

和 田 秀 男

目　　次

第1章　数の表し方 ……………………………………………………… 1
　§ 1.　2　進　法 ……………………………………………………… 1
　§ 2.　2の補数表示 …………………………………………………… 5
　§ 3.　算術シフト …………………………………………………… 7
　§ 4.　合　同　式 …………………………………………………… 8
　§ 5.　桁あふれ ……………………………………………………… 11
　§ 6.　大きな数と小数の表示 ……………………………………… 12

第2章　機　械　語 ……………………………………………………… 14
　§ 7.　アセンブリ命令 ……………………………………………… 14
　§ 8.　乗法と除法 …………………………………………………… 20
　§ 9.　ユークリッドの互除法 ……………………………………… 22
　§10.　プログラム内蔵方式 ………………………………………… 24
　§11.　添え字の扱い方 ……………………………………………… 29
　§12.　サブルーチン ………………………………………………… 30
　§13.　制　御　装　置 ……………………………………………… 33

第3章	論理回路	35
§14.	AND, OR, NOT 回路	35
§15.	論理回路	37
§16.	演算回路	40
§17.	符号化回路と解読回路	41
§18.	フリップフロップ	42
§19.	カウンタ	45
第4章	コンピュータの模型	47
§20.	構成要素	47
§21.	命令読みだし	50
§22.	命令実行	52
第5章	素因子分解と暗号	57
§23.	合同式の四則算法	57
§24.	フェルマーの小定理	62
§25.	中国の剰余定理	66
§26.	フェルマーテスト	68
§27.	$p-1$ 法	70
§28.	原始根	71
§29.	平方剰余	74
§30.	フェルマー数	76
§31.	メルセンヌ数	79
§32.	アドレマン・ルメリー法	81
§33.	2次ふるい法	82
§34.	楕円曲線法	83
§35.	暗号	86
第6章	多項式の素因子分解	89
§36.	多項式の素因子分解の一意性	89

§37. F_p 係数の多項式 ………………………………………… 92
§38. 平方因子の消去 ……………………………………………… 94
§39. ベルレ・カンプの方法 ……………………………………… 97
§40. ヘンゼルの補題 ……………………………………………… 104
§41. 係数の評価 …………………………………………………… 107
§42. 多変数の場合 ………………………………………………… 111

第7章 符 号 理 論 …………………………………………………… 113
§43. ハミングコード ……………………………………………… 113
§44. BCH コード ………………………………………………… 117
§45. リード・ソロモンコード …………………………………… 120
§46. 代数幾何符号 ………………………………………………… 124

第8章 グレブナー基底 ……………………………………………… 127
§47. モノイデアル ………………………………………………… 127
§48. グレブナー基底 ……………………………………………… 130
§49. グレブナー基底の求め方 …………………………………… 134
§50. $f(x,y)=0$ のグラフの描き方 ……………………………… 144

付録　平方剰余の相互法則 ………………………………………… 146
§A. アイゼンシュタインの判定法 ……………………………… 146
§B. 第2補充法則 ………………………………………………… 147
§C. ガウスの和 …………………………………………………… 148
§D. 相互法則の証明 ……………………………………………… 150

問の略解 ……………………………………………………………… 153

参考書 ………………………………………………………………… 165
索　引 ………………………………………………………………… 167

第1章

数 の 表 し 方

§1. 2 進 法

コンピュータの内部では，0と1を組み合わせて数を表している．よって，まず2進法について説明しよう．

2を何回も掛ければ，いくらでも大きくなる．小さい順に書くと

$$2^1 = 2 \qquad 2^{11} = 2048$$
$$2^2 = 4 \qquad 2^{12} = 4096$$
$$2^3 = 8 \qquad 2^{13} = 8192$$
$$2^4 = 16 \qquad 2^{14} = 16384$$
$$2^5 = 32 \qquad 2^{15} = 32768$$
$$2^6 = 64 \qquad 2^{16} = 65536$$
$$2^7 = 128 \qquad 2^{17} = 131072$$
$$2^8 = 256 \qquad 2^{18} = 262144$$
$$2^9 = 512 \qquad 2^{19} = 524288$$
$$2^{10} = 1024 \qquad 2^{20} = 1048576$$

となる．$2^{10} = 1024$ は1000に近いので，キロに近いという意味を込めて，K（ケー）という単位がよく使われている．つまり1Kは1024を表す．等比数列の公式より

$$1 + 2 + 2^2 + \cdots + 2^m = \frac{2^{m+1}-1}{2-1} = 2^{m+1} - 1 < 2^{m+1}$$

である．よって $1, 2, \ldots, 2^m$ よりいくつか選び，加えると 2^{m+1} 未満の数となる．すべてを使えば $2^{m+1} - 1$ であるが，0 個，つまり 1 つも使わなければ 0 となる．また 0 より $2^{m+1} - 1$ までの数がすべて現れる．なぜだろうか．

$1 = 1$	$9 = 8+1$
$2 = 2$	$10 = 8+2$
$3 = 2+1$	$11 = 8+2+1$
$4 = 4$	$12 = 8+4$
$5 = 4+1$	$13 = 8+4+1$
$6 = 4+2$	$14 = 8+4+2$
$7 = 4+2+1$	$15 = 8+4+2+1$
$8 = 8$	$16 = 16$

となるのを見ていると，帰納法で証明できることに気付く．$1, 2, \ldots, 2^{m-1}$ を組み合わせて，0 より $2^m - 1$ まで表せるとしよう．$2^m \leq x < 2^{m+1}$ なる数は 2^m を 1 回使うことにする．すると $0 \leq x - 2^m < 2^{m+1} - 2^m = 2^m$ なので，$x - 2^m$ は $1, 2, \ldots, 2^{m-1}$ を組み合わせて表すことができる．つまり x は $1, 2, \ldots, 2^m$ を組み合わせて表せるわけである．また，$1, 2, \ldots, 2^m$ の $m+1$ 個より，いくつか選ぶ組み合わせは，全部で 2^{m+1} 通りしかない．また 0 より $2^{m+1} - 1$ までの 2^{m+1} 個の数がすべて表されるのであるから，ダブって表されるわけがない．つまり表し方は 1 通りしかない．

まとめると，次のようになる．$0 \leq x < 2^{m+1}$ なる数は

$$x = a_m 2^m + a_{m-1} 2^{m-1} + \cdots + a_1 2 + a_0, \quad a_i = 0 \text{ または } 1$$

とただ 1 通りに表せる．このとき

$$x = a_m a_{m-1} \cdots a_1 a_0$$

と書くことにする．たとえば

§1.2　2 進 法

$$14 = 8+4+2 = 2^3+2^2+2 = 1110$$

となる．このような表し方を **2 進法** という．

x を 2 進法で表すには，次のようにすると能率がよい．

$$x = a_m 2^m + \cdots + a_2 2^2 + a_1 2 + a_0$$
$$= 2(a_m 2^{m-1} + \cdots + a_2 2 + a_1) + a_0$$

であるから，x を 2 で割れば，余りが a_0 となる．商を 2 で割れば，余りが a_1 となる．以下，順に $a_2, a_3, \ldots, a_m$ が得られるわけである．たとえば 500 は

$$
\begin{array}{r}
2\,)\,500 \\
2\,)\,250 \quad \cdots 0 = a_0 \\
2\,)\,125 \quad \cdots 0 = a_1 \\
2\,)\,62 \quad \cdots 1 = a_2 \\
2\,)\,31 \quad \cdots 0 = a_3 \\
2\,)\,15 \quad \cdots 1 = a_4 \\
2\,)\,7 \quad \cdots 1 = a_5 \\
2\,)\,3 \quad \cdots 1 = a_6 \\
1 \quad \cdots 1 = a_7
\end{array}
$$

となる．a_8 は最後の商の 1 である．よって 500 を 2 進法で表すと，500 = 111110100 となる．

問 1.1.　987 を 2 進法で表せ．

この算法を逆にたどれば，2 進法で表された数を 10 進法に直す能率的な方法が得られる．2 倍して余りを加える，という操作を逆の順に行えばよい．たとえば 111110100 は

$$1 \times 2 + 1 = 3$$
$$3 \times 2 + 1 = 7$$
$$7 \times 2 + 1 = 15$$
$$15 \times 2 + 1 = 31$$

第 1 章 数 の 表 し 方

$$31 \times 2 + \mathbf{0} = 62$$
$$62 \times 2 + \mathbf{1} = 125$$
$$125 \times 2 + \mathbf{0} = 250$$
$$250 \times 2 + \mathbf{0} = 500$$

と計算して 500 になることがわかる．2 進法の定義通りにすると

$$111110100 = 2^8 + 2^7 + 2^6 + 2^5 + 2^4 + 2^2$$
$$= 256 + 128 + 64 + 32 + 16 + 4$$
$$= 500$$

ではあるが，計算しにくい．

問 1.2. 1100110011 を 10 進法で表せ．

2 進法で表された数の四則算法は，10 進法の場合の真似をすればよい．加法の場合は 1+1=2 となり，たちまち桁上がりが生ずるので，大変である．たとえば 500+250=111110100+11111010 であるが

```
    11111       ⋯桁上がり
  111110100     ⋯500
 +11111010      ⋯250
 ─────────
  1011101110
```

となる．一番上の行に桁上がりを書くと，間違いが少ない．検算すると

$$1 \to 2 \to 5 \to 11 \to 23 \to 46 \to 93 \to 187 \to 375 \to 750$$

となる．掛け算の九九は $1 \times 1 = 1$ しかないからやさしいが，何回も加えなければならないので，めんどうである．$500 \times 14 = 7000$ は

§2. 2の補数表示

```
     111110100   …500
    ×     1110   …14
    ─────────
     111110100   …500×2
   +111110100    …500×4
   ──────────
    101110111000
   +111110100    …500×8
   ──────────
    1101101011000
```

とずらしながら加えればよい．

§2. 2の補数表示

コンピュータはビットと呼ばれる最小単位よりできている．ビットは
- 0 または 1 という 2 つの状態を持っている．
- 0 であるか 1 であるかは外部よりわかる．
- 今までの状態とは無関係に，強制的に 0 または 1 という状態に変えることができる．

このようなわけで，コンピュータの中では 2 進法を使って数を表す．

ビットの 1 つ上の単位は語である．16 ビットを 1 列に並べたものを 1 語ということにしよう．図示すると

$$1\text{ビット} = \Box = 0 \text{ または } 1$$

$$1\text{語} = \boxed{a_{15}|a_{14}|a_{13}|a_{12}|a_{11}|a_{10}|a_9|a_8|a_7|a_6|a_5|a_4|a_3|a_2|a_1|a_0}$$

となる．これを 2 進法による数の表現だとすると，0 より $2^{16} - 1 = 65535$ までの数が表されるわけである．

しかし，これでは負の数が表されないので，次のように工夫する．$0 \leq x < 2^{15}$ ならば，そのまま 1 語で表す．$-2^{15} \leq x < 0$ ならば，$2^{15} \leq x + 2^{16} < 2^{16}$ なので，$x + 2^{16}$ を x の代わりに使う．つまり $x + 2^{16}$ が x を表していると思うことにする．このようにすると，$-2^{15} = -32768$ より $2^{15} - 1 = 32767$ までの数が 1 語で表される．たとえば -500 は

であるから 65036 を 2 進法で表し，それで -500 を表していると思うことにする．500 を 2 進法で表すと 111110100 であるから

$$-500 + 2^{16} = -500 + (2^{16} - 1) + 1$$
$$= (-111110100 + 1111111111111111) + 1$$
$$= 1111111000001011 + 1$$
$$= 1111111000001100$$

となる．つまり 500 を 1 語で表すと 0000000111110100 であるから，0 と 1 を逆転し，1 を加えればよい．このような数の表し方を **2 の補数表示**という．

問 2.1. $-1, -2^{15}, -987$ を 2 の補数表示でそれぞれ表せ．

逆に -500 の 2 の補数表示より 500 の表示を得るには

$$500 = 2^{16} - (-500 + 2^{16})$$
$$= 1 + (2^{16} - 1) - (-500 + 2^{16})$$
$$= 1 + (1111111111111111 - 1111111000001100)$$
$$= 1 + 0000000111110011$$
$$= 111110100$$

となる．つまり x が正であっても負であっても，x の 2 の補数表示より，$-x$ の 2 の補数表示を得るには 0 と 1 を逆転し，1 を加えればよい．

$0 \leq x < 2^{15}$ ならば，$1, 2, \ldots, 2^{14}$ を組み合わせて x を表すことができるので，1 語のうち，一番左のビットは 0 である．$-2^{15} \leq x < 0$ ならば $2^{15} \leq x + 2^{16} < 2^{16}$ であるので，これを 1 語で表すと，一番左のビットが 1 となる．よって一番左のビットを**符号ビット**という．

この方法では，-2^{15} より小さい数や 2^{15} 以上の数は表すことができない．1 語では 2^{16} 通りの数しか表せないので，-2^{15} より $2^{15} - 1$ の 2^{16} 通りしか表せないのである．この範囲を越える数や小数は 2 語以上を使えばよいが，その方法はあとで説明する．

§3. 算術シフト

2の補数表示で表された数を2倍すると，どうなるだろうか．ただし $-2^{14} \leq x < 2^{14}$ とする．つまり2倍しても，-2^{15} より $2^{15}-1$ までの範囲に入っているとする．$0 \leq x$ の場合は簡単である．10進法で10倍するには，0を最後に加えればよい．同じように2進法でも2倍するには，最後に0を加えればよい．図示すると

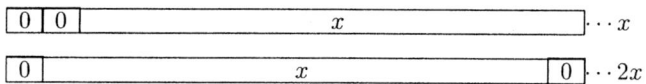

となる．つまり全体を左へ1ビット移動して，最後に0を入れればよい．

$-2^{14} \leq x < 0$ の場合は $2^{16} - 2^{14} = 2^{15} + 2^{14}$ なので

$$2^{16} - 2^{14} = 2^{15} + 2^{14} \leq x + 2^{16} < 2^{16}$$

となる．

$$x + 2^{16} = 2^{15} + 2^{14} + y$$

とおけば $y \geq 0$ である．両辺より 2^{15} を引けば $x + 2^{15} = 2^{14} + y$ となり，2倍すると $2x + 2^{16} = 2^{15} + 2y$ となる．$2x$ を2の補数表示で表すには，$2x + 2^{16}$ を2進法で表せばよい．つまり $2^{15} + 2y$ を表せばよい．図示すると

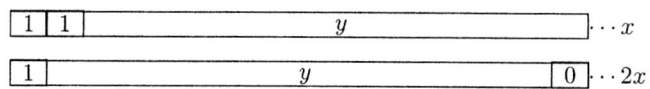

となる．やはり全体を左へ1ビット移動し，最後に0を入れればよい．ただし一番左より飛び出した1は捨てることになる．

では $-2^{15} \leq x < 2^{15}$ のとき，2で割るとどうなるだろうか．$0 \leq x$ のときは単に右へ1ビット移動すればよい．図示すると

となる．一番右のビットは捨てられるので，得られた結果は $x/2$ ではなく，その整数部の $[x/2]$ となる．一般に実数 α に対して，$n \leq \alpha < n+1$ となる整数 n を $[\alpha]$ と表す．この記号を**ガウス記号**という．2倍したときの動作を逆に考えれば，$-2^{15} \leq x < 0$ のときも2で割るのは右へ1ビット移動すればよい．ただし，一番左のビットは1とする．図示すると

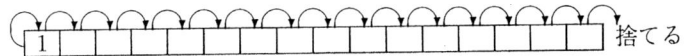

となり，$0 \leq x$ の場合とまったく同じである．得られた結果も $[x/2]$ である．このように右へ移動することを**算術シフト**と呼ぶ．

問 3.1. 結果が $[x/2]$ となることをはっきり確かめよ．

§4. 合同式

2の補数表示で表された2つの数を，加えたり引いたりするにはどうしたらよいだろうか．同じ数を加えるときは，前節のように正の場合と負の場合の2通りを考えればよい．しかし異なる2つの数を加えたり引いたりするときは，いろいろな場合に分けなければならず，複雑である．見通しよくするために，合同式について説明しようと思う．

整数 a を自然数 m で割り，商が q，余りが r になるということは，

$$a = m \cdot q + r, \quad 0 \leq r < m$$

となることである．このとき $a - r = m \cdot q$ なので $a - r$ は m で割り切れる．一般に整数 a と b に対し，$a - b$ が m で割り切れるとき，記号で

$$a \equiv b \pmod{m}$$

と書く．このような式を**合同式**という．a を m で割った余りを r とし，b を m で割った余りを r' としよう．すると

$$a = m \cdot q + r, \quad b = m \cdot q' + r'$$

§4. 合　同　式

となる q, q' があるので

$$a - b = (mq + r) - (mq' + r') = m(q - q') + (r - r')$$

となる．$a - b$ が m で割れるとは，$r - r'$ が m で割れることである．

$$0 \le r < m, \ 0 \le r' < m \ \ なので \ \ -m < r - r' < m$$

となり，$r - r'$ が m で割れるのは $r = r'$ の場合のみである．つまり

$$a \equiv b \pmod{m}$$

とは a, b を m で割った余りが等しいことである．

$$a \equiv b \pmod{m}$$
$$c \equiv d \pmod{m}$$

ならば，$a - b, c - d$ がともに m で割り切れる．よって

$$(a + c) - (b + d) = (a - b) + (c - d)$$
$$(a - c) - (b - d) = (a - b) - (c - d)$$

は m で割り切れる．つまり

$$a + c \equiv b + d \pmod{m}$$
$$a - c \equiv b - d \pmod{m}$$

となる．足し算を考えるために，この式を $m = 2^{16}$ として利用しよう．$-2^{15} \le x < 2^{15}$ なる数を 2 の補数表示で表すには

$$x' = \begin{cases} x & (0 \le x < 2^{15}) \\ x + 2^{16} & (-2^{15} \le x < 0) \end{cases}$$

である x' を 2 進法で表して，1 語に入れればよい．よって

$$x' \equiv x \pmod{2^{16}}$$

となる．同様に $-2^{15} \le y < 2^{15}$ なる y に対しても

$$y' \equiv y \pmod{2^{16}}$$

なる y' が $0 \le y' < 2^{16}$ の範囲に定まる．このとき

$$x' + y' \equiv x + y \pmod{2^{16}}$$

となる．$-2^{15} \le x + y < 2^{15}$ の場合，2の補数表示で考えると

$$z' \equiv x + y \pmod{2^{16}}$$

として定まる z' を求めれはよい．

$$(x' + y') - z' = (x' - x) + (y' - y) - (z' - x - y)$$

であるから

$$x' + y' \equiv z' \pmod{2^{16}}$$

となる．この式より $x' + y' < 2^{16}$ の場合は $x' + y' = z'$ が得られるし，$x' + y' \ge 2^{16}$ の場合は $x' + y' - 2^{16} = z'$ となる．つまり2進法として通常の加法 $x' + y'$ を行い，一番左より桁上がりしたものを捨てればよい．どちらにしても x' と y' を単純に加え，一番左のビットによる桁上がりを無視すれば z' が得られる．特に $x = y$ の場合，$x + y = 2x$ は単に左へ1ビット移動すればよいわけである．どのようにしたら $-2^{15} \le x + y < 2^{15}$ か否か判定できるのか，という問題が残るけれど，このことはあとまわしにして，引き算を考えよう．

x を表す16ビットの0と1をすべて逆転すれば，新たに16ビットが得られるが，この16ビットを2の補数表示と思い，その数を $\bar{x}$ と表す．たとえば $x = 500$ のときは $x = 0000000111110100$ であるから $\bar{x} = 1111111000001011$ となる．この符号ビットは1なので，負の数を表しており，この16ビットを2進法で表された数だと思うと $\bar{x} + 2^{16}$ を表している．よって

$$x + \bar{x} + 2^{16} = 1111111111111111 = 2^{16} - 1$$

なので $\bar{x} = -x - 1 = -501$ となる．x が 500 でなくても同様に考えると

$\bar{x} = -x - 1$ となる．つまり $-x = \bar{x} + 1$ である．よって引き算は

$$x - y = x + \bar{y} + 1$$

として足し算に直るわけである．

§5. 桁あふれ

2の補数表示で表された x と y に対して，どうしたら $-2^{15} \leq x + y < 2^{15}$ か否か判定できるだろうか．この範囲におさまらないとき，**桁あふれ** が生じた，という．x と y が正になったり負になったりして，4通りの組み合わせができるが，どのようなとき桁あふれが生ずるか，少しめんどうであるが，4通りの場合に分けて考えてみよう．

(1) $x \geq 0, y \geq 0$ の場合．$x = x', y = y'$ で桁あふれは $x' + y' \geq 2^{15}$ のときである．つまり左より2ビット目から桁上がりが生ずるときである．$0 \leq x' < 2^{15}, 0 \leq y' < 2^{15}$ より $x' + y' < 2^{16}$ なので，一番左のビットからは桁上がりは生じない．図示すると，次のようになる．

(2) $x \geq 0, y < 0$ の場合．この場合，桁あふれは生じない．しかし結果が正の場合と負の場合があるので，どのように $x' + y'$ の計算で桁上がりがあるか見てみよう．まず $x + y \geq 0$ となるためには結果が 一番左のビット$=0$ である．

よって $x' + y'$ の計算において左より2ビット目と1ビット目からそれぞれ桁

上がりが生ずる．$x+y<0$ の場合は一番左のビットが 1 となるためには左より 2 番目からも 1 番目からも桁上がりが生じてはいけない．

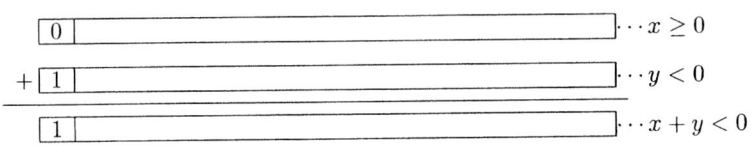

(3) $x<0, y\geq 0$ の場合．x と y の役割を逆にすれば (2) の場合と同じである．

(4) $x<0, y<0$ の場合．この場合，$x+y<-2^{15}$ となるとき桁あふれとなる．$x+2^{16}=x'$, $y+2^{16}=y'$ であるから，

$$x'+y' = x+y+2^{16}+2^{16} < -2^{15}+2^{16}+2^{16} = 2^{15}+2^{16}$$
$$x'+y' = x+y+2^{16}+2^{16} \geq -2^{16}+2^{16}+2^{16} = 2^{16}$$

のとき桁あふれとなる．つまり左より 2 ビット目からは桁上がりはないが，一番左のビットよりは桁上がりが生じる場合である．

以上まとめると，桁あふれは左より 2 ビット目よりの桁上がりと一番左よりの桁上がりが異なる場合である．両方とも 0 または 1 のとき，正常に計算が行われたことになる．

問 **5.1.** $x=-2^{15}$, $y=-2^{15}$ のとき，具体的に $x+y$ がどのように行われるか．

§6. 大きな数と小数の表示

記憶装置には 16 ビットからできている語がたくさんある．1 語では $-2^{15} \leq x < 2^{15}$ までの数しか扱えないが，2 語使えば 2 進法としては 0 より $2^{32}-1$ までの数が表せる．

§6. 大きな数と小数の表示

| a_{15} | | a_1 | a_0 | $\cdots$ 1 語目 |
| a_{31} | | a_{17} | a_{16} | $\cdots$ 2 語目 |

これを 2 の補数表示と思い，16 ビットの代わりに 32 ビット使っていると思えば $-2^{31} \leq x < 2^{31}$ までの数が表せる．つまり $-2^{31} \leq x < 0$ なる数は $2^{31} \leq x + 2^{32} < 2^{32}$ を 2 語使って 2 進法で表すわけである．3 語以上使えばいくらでも大きな数が表せる．

小数を表すには近似値で表す．近似値ならば，小数点を右にいくつか移動すれば整数となる．この整数と，いくつ小数点を移動したか，という値を組み合わせれば，近似値が表されるわけである．たとえば 2 語で整数部 x を表し，もう 1 語は小数点をいくつ移動したか，という値 e を入れることにする．

$$\left.\begin{array}{l}\rule{8cm}{0.4pt}\\ \rule{8cm}{0.4pt}\end{array}\right) -2^{31} \leq x < 2^{31}$$

$$\boxed{ e } \quad -2^{15} \leq e < 2^{15}$$

この 3 語で $x \cdot 2^e$ という値を表していると思うことにする．e が正の場合は巨大な数も近似値として表せるわけである．一番大きな数は

$$(2^{31} - 1) \times 2^{32767} \approx 1.51983971 \times 10^{9873}$$

まで表される．

$$2^{31} = 2 \times (2^{10})^3 \approx 2 \times 1000^3 = 2 \times 10^9$$

であるから 9 桁の有効数字は十分ある．このような小数の表し方を**浮動小数点表示**という．e の値が変化するので，小数点の位置も変化するからである．x を**仮数部**といい，e を**指数部**という．

問 6.1. 0.1 (10 進法) をなるべく誤差が小さくなるように浮動少数点表示するには，指数部 e をいくつにしたらよいか．

第2章
機 械 語

§7. アセンブリ命令

単純なコンピュータを頭の中に描き，コンピュータはどのように計算し，どのように判断するのか考えよう．単純なコンピュータは記憶装置として 8192 語 (1 語＝ 16 ビット) があり，演算装置があり，演算装置で計算した結果を記憶する 16 ビットからなるアキュムレータ (記号で Acc) がある．8192 語を区別するために 0 より通し番号を付け，0 番地，1 番地，…，8191 番地と名付けることにする (図 1)．

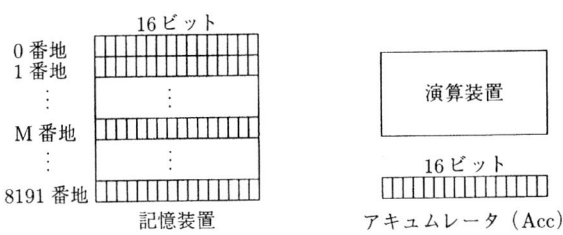

図 1 アキュムレータ

計算はアキュムレータで行われるので，記憶装置の M 番地の内容 16 ビットを，そのままアキュムレータにコピーする必要がある．**load M** と命令すればコンピュータはこのことを実行してくれる．逆に計算した結果を記憶装置の M 番地に保管するには **store M** と命令すればよい．アキュムレータに M 番地

§7. アセンブリ命令

の内容を加え，その結果をアキュムレータに入れるには，**add M** と命令すればよい．たとえば A 番地の内容と B 番地の内容を加え，答えを C 番地に保管するには，以下のようにする (プログラム 1)．

```
命令    番地    説明
load    A
add     B
store   C   …C←A+B
stop
A       15
B       -7
C       3
```

プログラム **1**

A 番地に 15，B 番地に -7 が入っていたとする．load A でアキュムレータは 15 となる．A 番地は変化しない．add B でアキュムレータは 8 となる．B 番地は変化しない．次に store C で，今まで C 番地に何が入っていても強制的に C 番地の内容は 8 となる．アキュムレータは変化しない．stop でコンピュータの動作は止まる．C ← A+B という記号は，A 番地の内容と B 番地の内容を加え，その結果を C 番地へ入れる，という意味である．

問 7.1. A ← A+1 のプログラムを作れ．ただし B にはあらかじめ 1 が入っているとする．

引き算もできる．**subtract M** と命令すれば，アキュムレータより M 番地の内容を引き，その結果をアキュムレータに入れる．たとえば A+B−C を D に入れるには，プログラム 2 のようにすればよい．A, B, C, D は記憶装置のどこかにある．

```
命令      番地    説明
load      A
add       B
subtract  C
store     D   …D←A+B−C
stop
```

プログラム **2**

問 7.2. A ← 2A−B−C のプログラムを作れ.

では A 番地の内容を 16 倍して, その結果を A に入れるには, どうしたらよいだろうか.

$$\left.\begin{array}{ll} \text{load} & \text{A} \\ \text{add} & \text{A} \\ \quad\vdots \\ \text{add} & \text{A} \end{array}\right\} 15\,回$$
$$\begin{array}{ll} \text{store} & \text{A} \\ \text{stop} \end{array}$$

プログラム 3

プログラム 3 のようにしてもよいが, プログラム 4 のようにしてもよい. A 番地の内容を x としよう.

$$\begin{array}{ll} \text{load} & \text{A} \\ \text{add} & \text{A}\cdots 2x \\ \text{store} & \text{A} \\ \text{add} & \text{A}\cdots 4x \\ \text{store} & \text{A} \\ \text{add} & \text{A}\cdots 8x \\ \text{store} & \text{A} \\ \text{add} & \text{A}\cdots 16x \\ \text{store} & \text{A} \\ \text{stop} \end{array}$$

プログラム 4

はじめに load A, add A と命令すると, アキュムレータは $2x$ となる. store A とすると, A 番地の内容は, 今までの x は消され $2x$ となり, アキュムレータはそのままの $2x$ である. 次に add A とすると, アキュムレータは $4x$ となる. 同じことを繰り返すと, 能率よく $16x$ が得られるわけである.

では, A 番地の内容と B 番地の内容を交換するには, どうしたらよいだろうか.

§7. アセンブリ命令

```
load    A
store   B  …B←A
load    B
store   A  …A←B
stop
```

プログラム 5

プログラム 5 でよいだろうか．A 番地に x，B 番地に y が入っていたとしよう．load A, store B と実行したとき，B 番地には y は消され，x が入る．よって，次に load B, store A としても，A 番地には x が入り，つまり変化しない．A, B 以外の C 番地を使えば大丈夫である．プログラム 6 のようにすればよい．

```
load    A
store   C  …C← x
load    B
store   A  …A← y
load    C
store   B  …B← x
stop
```

プログラム 6

問 7.3. A ← B ← C ← A，つまり 3 つの値を入れ替えるプログラムを作れ．

少し技巧的であるがプログラム 7 のようにすれば C 番地を使わなくてもよい．

```
load       B
subtract   A
store      B  …B← y − x
add        A
store      A  …A← (y − x) + x = y
subtract   B
store      B  …B← y − (y − x) = x
stop
```

プログラム 7

次に，A 番地の内容の絶対値を B 番地に入れるには，どうしたらよいだろうか．A 番地の内容 x が正のとき (0 も含める) と負のときに動作を分けなければいけない．**jump minus M** という命令は，アキュムレータが負のとき，つまり符号ビットが 1 のとき，プログラムの行の先頭に M と書かれているところへ飛ぶ．符号ビットが 0 のときは次の行の命令に進む．**jump M** という命令もある．これは無条件に M と書かれている行へ進め，というものである．よって B ← |A| のプログラムはプログラム 8 のようになる．

```
        load         A
        jump minus   M
N       store        B
        stop
M       load         Zero
        subtract     A
        jump         N
A       −5
B       8
Zero    0
```

プログラム **8**

A の内容が −5 のとき，load A とするとアキュムレータは −5 となり，アキュムレータの符号ビットは 1 となる．jump minus M を実行すると，符号ビットが 1 なので 5 行目に飛ぶ．Zero と書かれている番地の内容が 0 とする．よって load Zero を実行すると，アキュムレータは 0 となる．そこで subtract A を実行すると，アキュムレータは 5 となる．jump N を実行すると 3 行目へ飛び，無事 B 番地には 5 が入る．もし A 番地の内容が 5 だったならば，2 行目の jump minus M を実行したとき，アキュムレータの符号ビットが 0 なので，何もしないで次の 3 行目に進む．

次に，A 番地の内容 x と B 番地の内容 y のうち，大きい方を C 番地へ入れるプログラムを作ろう．**プログラム**とはいろいろな命令を 1 列に並べたものである．通常は 1 行目の命令より順に実行される．jump 命令と jump minus 命令だけがプログラムの流れを変える (プログラム 9)．

§7. アセンブリ命令

```
        load       A
        subtract   B
        jump minus M
        load       A   …A≧B
   N    store      C
        stop
   M    load       B   …A<B
        jump       N
```

プログラム 9

問 7.4. A, B のうち小さい方を C に入れるプログラムを作れ.

A, B, C 番地の内容のうち最大値を A 番地に入れるには, プログラム 10 のようになる.

```
        load       B
        subtract   A
        jump minus M
        load       B   …B≧A
        store      A
   M    load       C
        subtract   A
        jump minus N
        load       C   …C≧max(A,B)
        store      A
   N    stop
```

プログラム 10

問 7.5. A, B, C の最大値を A へ, 中間値を B へ, 最小値を C へ入れるプログラムを作れ.

以上のように load M, store M, add M, subtract M, stop, jump M, jump minus M という 7 つの命令だけで, いろいろな計算ができる. これらの命令を **アセンブリ命令** という. 一番基本的な命令であり, これらを組み立てて複雑なプログラムが作れるからである.

§8. 乗法と除法

通常のコンピュータには，アセンブリ命令の中に乗法や除法を行う命令がある．しかし頭の中の単純なコンピュータには，7つの命令しかないから，工夫して乗法や除法を行わなければいけない．A 番地の内容 x と B 番地の内容 y は，ともに正で $x \cdot y < 2^{15}$ と仮定しよう．x と y を掛けるには

$$x \cdot y = x + x + \cdots + x \quad (y \text{ 回})$$

と考え，x に $y-1$ 回 x を加えればよい．$y-1$ 回加えたか否かの判定は，B 番地に $y-2$ を入れ，1つずつ引いていき，負になったところで止めればよい．$C \leftarrow A \cdot B$ の流れ図を書くと，図2のようになる．

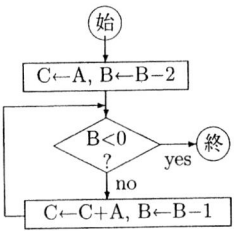

図2 $C \leftarrow A \cdot B$ の流れ図

流れ図とはプログラムを書くときの見取り図である．プログラムを直接書くと混乱するので，なるべく流れ図を書いた方がよい．慣れてくれば，流れ図を書けば，あとは単純な作業でプログラムは作れる．(始)で始まり，(終)で終わる．長方形の中に何をするか，ということを書き，菱形の中に判断の必要な部分を書く．判断するとプログラムの流れは分かれる．成立するときは，yes と書かれた矢印の方向へ進み，成立しなければ，no と書かれた矢印の方向へ進む．この流れ図のプログラムを書くと，プログラム11のようになる．

次に割り算はどうしたらよいだろうか．

$$x = y \cdot q + r, \quad 0 \leq r < y$$

§8. 乗法と除法

```
Start  load       A
       store      C   …C←A
       load       B
       subtract   Two
       store      B   …B←B−2
M      load       B
       jump minus End
       load       C
       add        A
       store      C   …C←C+A
       load       B
       subtract   One
       store      B   …B←B−1
       jump       M
End    stop
One    1
Two    2
A      5
B      8
C      −1
```

プログラム 11

となる q を Q 番地へ, r を R 番地に入れたい. x より y を $q+1$ 回引けば, 負になるので流れ図は図 3 のようになる.

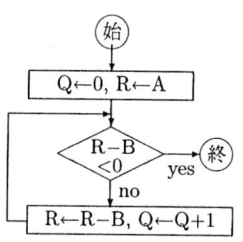

図 3　A÷B＝Q 余り R の流れ図

よって例えば 85÷7 のプログラムは, プログラム 12 のようになる. 能率は悪いけれど, ともかく有限回ぐるぐる回ると計算は終わる.

Start	load	Zero
	store	Q
	load	A
	store	R
M	load	R
	subtract	B
	jump minus	End
	store	R
	load	Q
	add	One
	store	Q
	jump	M
End	stop	
Zero	0	
One	1	
A	85	
B	7	

プログラム 12

問 8.1. $A \leftarrow 100A$ をなるべく能率的に計算するプログラムを作れ．

§9. ユークリッドの互除法

自然数 x と y が与えられたとしよう．d が x の約数であり，同時に y の約数のとき，d は x と y の**公約数**という．$x = d \cdot q$ と表すと，$d \leq d \cdot q = x$ であるから，x の約数は有限個しかない．よって x と y の公約数も有限個しかない．その公約数の中で最大なものを**最大公約数**という．最大公約数 d はどのようにしたら能率よく求まるだろうか．

$$x = y + z, \quad \text{つまり} \quad z = x - y$$

のとき，d は x と y の約数だから z の約数である．よって d は y と z の公約数である．y と z の最大公約数を d_1 とすれば，$d \leq d_1$ となる．逆に d_1 は y と z の約数だから，x の約数となる．よって d_1 は x と y の公約数である．x と y の公約数の中で最大な数が d だから $d_1 \leq d$ となる．両方合わせると $d = d_1$ が得られる．つまり x と y の最大公約数は，$x - y$ と y の最大公約数

§9. ユークリッドの互除法

に等しい. x と y の最大公約数を記号で (x, y) と書けば

$$(x, y) = (x - y,\ y)$$

が得られたわけである. x より y を何回も引けば, やがて y より小さくなる. つまり

$$x = y \cdot q + r, \quad 0 \leq r < y$$

となる. このとき

$$(x, y) = (x - y,\ y) = (x - 2y,\ y) = \cdots = (x - qy,\ y) = (r, y)$$

となる. $r = 0$ ならば $(x, y) = y$ となる. $r > 0$ ならば, 次は y より r を何回も引く. やがて最大公約数が得られるであろう. B ← (A, B) の流れ図とプログラムを書くと, 図 4, プログラム 13 のようになる.

```
        load        A
  L     subtract    B
        jump minus  M   ···A−B<0 ?
        load        B
        subtract    A
        jump minus  N   ···B−A<0 ?
        stop            ···A=B
  N     load        A
        subtract    B
        store       A   ···A←A−B
        jump        L
  M     load        B
        store       C
        load        A
        store       B
        load        C
        store       A   ···A↔B
        jump        L
```

プログラム 13 最大公約数

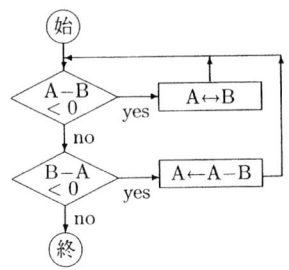

図 4 B ← (A, B) の流れ図

このように最大公約数を求める方法を**ユークリッドの互除法**という．有限回で必ず終わり，しかも，とても能率がよいからである．昔，アルゴリズムとはユークリッドの互除法を意味した．現在では，**アルゴリズム**とは有限回で必ず終わる計算法のことである．

問 9.1. A=10, B=3 のとき，stop 命令が実行される前に何回命令が実行されるか．

§10. プログラム内蔵方式

プログラムそのものも記憶装置に入れよう，というのが**プログラム内蔵方式**である．命令は 7 つしかないから，1 より 7 までの通し番号を付ける．2 進法で表せば 3 ビットあれば十分である．番地は 0 より $8191 = 2^{13} - 1$ までであるから 13 ビットあれば十分である．1 語のうち左 3 ビットに命令の通し番号を入れ，右 13 ビットに番地を入れる．よって 1 つの命令は 1 語に記憶される．

1	001	load
2	010	store
3	011	add
4	100	subtract
5	101	stop
6	110	jump
7	111	jump minus

§10. プログラム内蔵方式

たとえば load M という命令も，M そのものは 0 より 8191 のどれかである．M = 7 としよう．load 7 という命令は，アキュムレータに 7 という値を入れるのではなく，7 番地に入っている内容をアキュムレータに入れる命令である．load 7 は 0010000000000111 と記録される．コンピュータはこの 1 語の左 3 ビットを見て load という命令だな，とわかり，右 13 ビットを見て 7 番地だということがわかる．通常プログラムは記憶装置の 0 番地より順に記憶され，そのあとにデータが続く．たとえば C ← A+B というプログラムはプログラム 14 のようになる．

番地	アセンブリ命令	命令部	番地部
0	load A	001	0000000000100
1	add B	011	0000000000101
2	store C	010	0000000000110
3	stop	101	0000000000000
4	A 15	000	0000000001111
5	B −7	111	1111111111001
6	C 3	000	0000000000011

プログラム 14

load A と書いても load 4 と書いても同じことである．しかし，人間にわかりやすいように，通常 load A と書く．コンピュータにわかるように書くには load の代わりに 001 と書き，A の代わりに 0000000000100 と書く．このように 0 と 1 で書かれたものを **機械語** という．load A のように，人間にわかりやすく書かれたものは **アセンブリ言語** という．0 番地より 3 番地までがプログラムであり，4 番地より 6 番地までがデータである．もし 3 番地の stop 命令がないときは，コンピュータは A 番地のデータを命令と思い実行しようとする．しかし，000 に対応する命令はないので，コンピュータは暴走するであろう．もし A 番地の内容が 15 ではなく $2^{13} + 15 = 8192 + 15 = 8207$ ならば，このデータをコンピュータは load 15 と解釈し，実行するであろう．ともかく stop 命令を書かないと，大変なことになる．

問 10.1. 次のプログラムを機械語に直せ.

```
        load     A
        add      B
        subtract C
        store    A
        stop
A  -500
B  -1
C  -32768
```

$B \leftarrow |A|$ のプログラムを機械語で書くと，プログラム 15 のようになる.

番地	アセンブリ言語			機械語	
0		load	A	001	0000000000111
1		jump minus	M	111	0000000000100
2	N	store	B	010	0000000001000
3		stop		101	0000000000000
4	M	load	Zero	001	0000000001001
5		subtract	A	100	0000000000111
6		jump	N	110	0000000000010
7	A	-5		111	1111111111011
8	B	8		000	0000000001000
9	Zero	0		000	0000000000000

プログラム **15**

jump minus M において，M は番地なのである．4 番地に書かれた命令の所ヘアキュムレータが負ならば飛ぶわけである．stop 命令の番地部は通常 0 を入れる．load Zero は load 9 であり，load 0 でない．load 0 では 0 番地の内容 0010000000000111 がアキュムレータにコピーされる．9 番地の内容が 0000000000000000 なので，load 9 でアキュムレータが 0 となるわけである．

では，プログラム 16 を実行すると，どうなるだろうか．

まず load M は load 3 なので 3 番地の内容 0010000000000110 がアキュムレータにコピーされる．次に add One でアキュムレータは 0010000000000111 となる．store M で 3 番地の内容 0010000000000110 は消され，アキュム

§10. プログラム内蔵方式

番地	アセンブリ言語		機械語	
0		load M	001	0000000000011
1		add One	011	0000000000111
2		store M	010	0000000000011
3	M	load N	001	0000000000110
4		store A	010	0000000001000
5		stop	101	0000000000000
6	N	-5	111	1111111111011
7	One	1	000	0000000000001
8	A	0	000	0000000000000

プログラム 16

レータの内容がコピーされる．つまり3番地は0010000000000111と変化する．さて次が問題である．コンピュータは0番地より順に記憶装置の中を見ていく．よって3番地にきたとき，コンピュータは0010000000000111を見ることになる．これは load 7 という命令である．アセンブリ言語で書かれた load N は load 6 のことであるが，コンピュータは実行するのは load 7 という命令である．つまりプログラムが，プログラムそのものを書き替えることができるわけである．コンピュータはあくまで実行しようとしたときの記憶装置の内容を実行する．実行しようとしている番地の内容が変化していたならば，変化した命令を実行する．アセンブリ命令は人間にわかるように書かれたプログラムだが，コンピュータの中では機械語に直されて記憶されている．コンピュータは機械語だけを見ている．よって load 7 が実行され，アキュムレータは 0000000000000001 となり，次に store A で8番地は 0000000000000001 となり止まる．命令もデータも区別はない．よって命令もデータとして扱えるわけである．

次にもう少し奇妙な変化をするプログラムを書いてみよう (プログラム 17)．
まず 8192 は 2^{13} のことで，これを命令と思えば load 0 となる．load M でアキュムレータは 0010000000000110 となり，add N で 0100000000000110 となる．これを store M とすると，3番地は 0100000000000110 となる．次に3番地を実行するのであるが，3番地は変化している．変化したものは，命令だと思えば store 6 というものである．よって6番地は 0100000000000110

番地	アセンブリ言語		機械語	
0		load M	001	0000000000011
1		add N	011	0000000000101
2		store M	010	0000000000011
3	M	load A	001	0000000000110
4		jump 0	110	0000000000000
5	N	8192	001	0000000000000
6	A	0	000	0000000000000

プログラム **17**

と変化する．jump 0 ではじめに戻り，load M とすると，アキュムレータは 0100000000000110 となる．add N で 0110000000000110 と変化する．これを store M とすると，3番地は add 6 という命令に代わる．よって3番地を実行すると，アキュムレータは 1010000000001100 となる．jump 0 ではじめに戻り，load M, add N, store M でアキュムレータは 1000000000000110 となり，3番地は subtract 6 となる．よって3番地を実行すると，アキュムレータは 0100000000000000 となる．jump 0, load M, add N, store M で3番地は stop 6 となり，stop 6 を実行してコンピュータは止まる．stop 命令の番地部の 6 の意味であるが，操作盤のスタートボタンを押すと，コンピュータは再び動きはじめる．しかも6番地より実行しはじめる．

問 **10.2**．次のプログラムを実行するとどうなるか．

	load	M
	subtract	N
	store	M
M	jump minus	0
N	8192	

もっと複雑な変化をするプログラムを考えてみよう (プログラム 18)．

番地	アセンブリ言語			機械語	
0		load	M	001	0000000000100
1		add	One	011	0000000000110
2		store	M	010	0000000000100
3		load	Zero	001	0000000000111
4	M	store	Zero	010	0000000000111
5		jump	0	110	0000000000000
6	One	1		000	0000000000001
7	Zero	0		000	0000000000000

プログラム **18**

load M, add One, store M で 4 番地は store 7 より store 8 と変化する．よって load Zero と 4 番地を実行すると 8 番地が 16 ビットすべてが 0 となる．jump 0, load M, add One, store M で 4 番地は store 9 と変化する．よって load Zero と 4 番地を実行すると，9 番地がきれいになる．以下，次々にきれいになり，やがて load Zero, store 8191 と実行されることになる．さて，次に jump 0, load M とするとアキュムレータは 0101111111111111 となり，add One でアキュムレータは 0110000000000000 となり，store M で 4 番地は add 0 となる．ぐるぐるまわるごとに 4 番地は add 1, add 2, ..., add 8191 と変化し，次は subtract 0, subtract 1, ..., subtract 8191, stop 0 と変化し，よって stop 0 を実行したときコンピュータは止まる．

§11. 添え字の扱い方

100 個のデータ $a_1, a_2, \ldots, a_{100}$ が A 番地より順に並んでいるとしよう．この合計を B 番地へ入れるプログラムは，プログラム内蔵方式を利用すると，プログラム 19 のように短くなる．

a_i というデータの添字 i を，はじめは 1 とする．つまり load A, store B とする．次に i の値を 1 つ大きくするために load M, Add One, store M とする．M 番地には load A とアセンブリ言語では書かれているけれど，1 を加えれば，番地部が 1 つ大きくなる．つまり $i \leftarrow i+1$ と同じ働きをする．この動作を繰り返せばよいけれど，$i = 100$ となったところで止めなければいけない．

	load	A	
	store	B	B←a_1
L	load	M	
	add	One	
	store	M	$i \leftarrow i+1$
M	load	A	
	add	B	
	store	B	B←a_i+B
	load	N98	
	subtract	One	
	store	N98	
	jump minus	End	$i=100$ だった
	jump	L	$i<100$ だった
End	stop	0	
N98	98		
One	1		
B	0		
A	a_1		
	a_2		
	$\vdots$		
	a_{100}		

プログラム 19

はじめは $B = a_1 + a_2$ となっているので，あと 98 回繰り返せばよい．そのためには 98 より 1 つずつ引いていき，負になれば止めればよいわけである．

では $B \leftarrow a_1 - a_2 + a_3 - a_4 + \cdots + a_{99} - a_{100}$ のプログラムはどうなるだろうか．たとえば 2 つずつまとめれば，50 回繰り返せばよいので，プログラム 20 のようにすればよい．M1 と M2 の 2 個所の番地部を変えなければいけない．

§12. サブルーチン

たとえば $D \leftarrow A \times B \times C$ のプログラムを作るには，$D \leftarrow A \times B$, $D \leftarrow D \times C$ と 2 回掛け算をすればよい．しかし 2 回の掛け算は，変数を変えただけで同じプログラムである．よって $D \leftarrow A \times B$ というプログラムを作っておき，この

§12. サブルーチン

```
           load       A1
           subtract   A2
           store      B        B ← a_1 - a_2
     L     load       M1
           add        Two
           store      M1
           load       M2
           add        Two
           store      M2       i ← i+2
     M1    load       A1
     M2    subtract   A2
           add        B
           store      B        B ← a_i - a_{i+1} + B
           load       N97
           subtract   Two
           store      N97
           jump minus End      i = 99 だった
           jump       L        i < 99 だった
     End   stop       0
     N97   97
     Two   2
     B     0
     A1    a_1
     A2    a_2
            ⋮
           a_{100}
```

プログラム 20

プログラムを実行したあとで $A \leftarrow D, B \leftarrow C, D \leftarrow A \times B$ とすれば短いプログラムで書けるであろう．プログラム内蔵方式を利用すると，次のようにうまくいく．まず $D \leftarrow A \times B$ の部分をプログラム21のように作っておく．このような部分を**サブルーチン**という．

さて主プログラムの中よりサブルーチンへ行ったとき，サブルーチンより主プログラムに帰るには，あらかじめ帰る場所を，プログラム22のようにサブルーチンへ教えておけばよい．つまりサブルーチンへ行く前に Return という

場所に jump N1 とか jump M1 と書き込んでおけばよい．このようにすれば掛け算が 100 回必要なプログラムでも能率よく書けるであろう．

Sub	load	A	入り口
	store	D	
	load	B	
	subtract	One	
Loop	subtract	One	
	store	B	
	jump minus	Return	
	load	D	
	add	A	
	store	D	
	load	B	
	jump	Loop	
Return	jump	0	出口
One	1		
A	8		
B	5		
D	0		

プログラム 21

	主プログラム			
	load	N		
	store	Return		
	jump	Sub	$\longrightarrow$ Sub	load A
N	jump	N1		(D←A×B)
N1	load	D	←─ Return jump N1	
	store	A		
	load	C		
	store	B		
	load	M		
	store	Return		
	jump	Sub	$\longrightarrow$ Sub	load A
M	jump	M1		(D←A×B)
M1	次のプログラム		←── Return jump M1	

プログラム 22

§13. 制御装置

コンピュータにどのようにプログラムやデータを記憶させるのだろうか．また得られた結果をどのように外部に知らせるのだろうか．これらのことは入力命令や出力命令を説明しなければならず，わずらわしいので省略することにしよう．しかし，コンピュータがどのように制御されているか，ということは，ぜひ理解してほしいので，第4章で論理回路を使い詳しく説明することにしよう．ここでその準備として，**プログラムカウンタ** (略して PC) と**命令レジスタ**について説明しよう．

プログラムカウンタは 13 ビットより成る．1語の 16 ビットより小さいが 13 ビットで 0 より $2^{13} - 1 = 8191$ までの数が表せる．この数は次に実行すべき命令が入っている番地を表している．通常，制御盤のスタートボタンを押すときは PC = 0 となっている．コンピュータはまず PC の示す番地の内容を命令レジスタ (16 ビットより成る) にコピーする．次に PC の値を 1 つ大きくする．次に命令レジスタの内容を分析して実行する．実行が終わったら，ふたたび，はじめに戻り，PC の示す番地の内容を命令レジスタにコピーする．以下，同様に繰り返す．

実行する命令が load M, store M, add M, subtract M の場合は PC の値が 1 つずつ大きくなり，プログラムは上より下へ順に実行される．しかし stop M, jump M, jump minus M の場合はプログラムの流れを次のように変える．

stop M の命令は M そのものを PC にコピーしてコンピュータの動きを止める．よって，次にスタートボタンを押したとき，M 番地より実行される．

jump M の命令は M そのものを PC にコピーする．stop M と異なるところは，止まらないことである．よって次は PC の示す M 番地より実行される．つまり M 番地へプログラムは飛ぶわけである．

jump minus M はアキュムレータの一番左の符号ビットが 0 のときは何もしない．符号ビットが 1 のときは M そのものを PC にコピーする．よって Acc が負ならば，M 番地に飛ぶけれど，0 または正ならば何もしないで次の行の命令に進むわけである．

さて，どのようにコンピュータは命令を分析するのか，第4章で極端に単純なコンピュータの模型を作り，説明しよう．そのために，まず論理回路について説明しよう．

第 3 章

論 理 回 路

§14. AND, OR, NOT 回路

　コンピュータの動作の原理を説明するために，電磁石を用いよう．電磁石とは，電気を流すと磁石になり鉄を引き付けるが，電流を止めると磁石としての機能を失うものである．図 5 のように弾力性のある部分に鉄を付けておく．A をプラスにすると，電磁石に電流が流れ，鉄を引き付ける．よって電球に電気が流れ光る．A をマイナスにすると，電磁石には電気が流れず，鉄を引き付ける力を失う．よって弾力性により鉄片は元に戻り，電球は消える．プラスを 1，マイナスを 0 と表すと，A を 1 にすれば B は 1 となり，A を 0 にすれば B も 0 になるわけである．

　このような電磁石を 2 つ，図 6 のように直列に並べると，どうなるだろうか．電球が光るためには，A, B ともに 1 にしなければならない．A, B の片方でも 0 であれば電球は消える．このような回路を **AND 回路** という (図 7)．

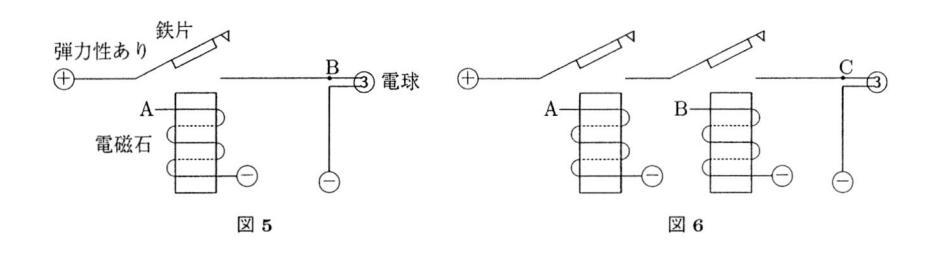

図 5

図 6

A	B	C
0	0	0
0	1	0
1	0	0
1	1	1

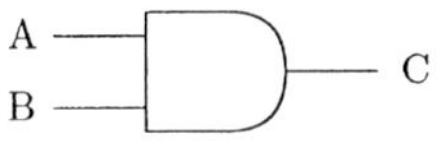

図 7　AND の記号

では，2つの電磁石を図8のように並列に並べると，どうなるのだろうか．

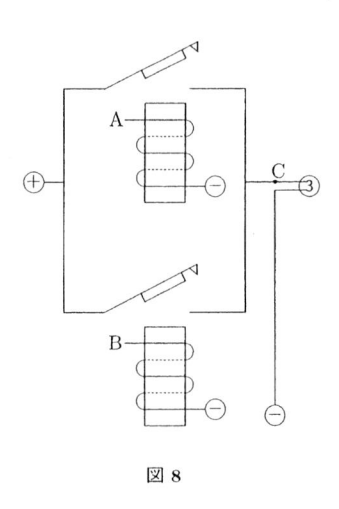

図 8

電球が光るためには，A, Bのどちらか一方でも1であればよい．A, B両方ともに0のときのみ電球は消える．このような回路を **OR 回路**という (図 9)．

A	B	C
0	0	0
0	1	1
1	0	1
1	1	1

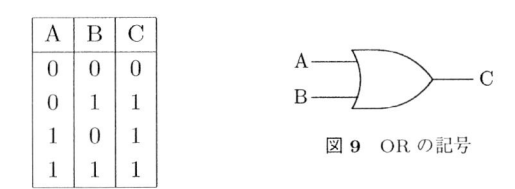

図 9　OR の記号

電磁石を3つ以上直列や並列に並べる回路も同様である (図 10)．3つ直列のときは，3つとも1のときのみ結果は1となり，3つ並列のときは，3つのうち1つでも1のとき，結果は1となる．

§15. 論 理 回 路

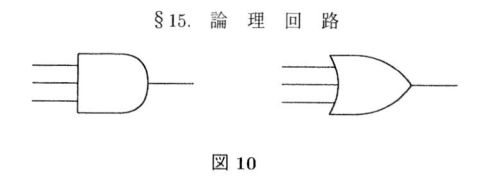

図 10

問 14.1. 具体的に電磁石を 3 つ直列や並列に並べる回路を作れ.

さて図 11 のような **NOT 回路**も大切である.

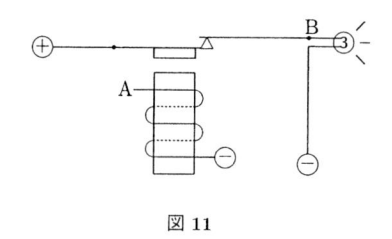

図 11

A を 1 にすると鉄片を引き付け, 電気が流れなくなり, 電球は消える. A を 0 にすると, 弾力性により, 図 11 のような状態に戻り, 電球は光る. A を 1 にすれば B は 0 となり, A を 0 とすれば B は 1 になるわけである (図 12).

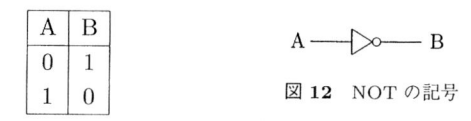

A	B
0	1
1	0

図 12 NOT の記号

1 を真, 0 を偽を表していると思えば, AND, OR, NOT は論理積, 論理和, 否定, つまり「かつ」,「または」,「何々でない」を表している.

§15. 論 理 回 路

AND, OR, NOT 回路を組み合わせて作る回路を**論理回路**という (図 13).

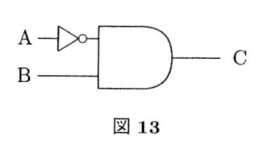

図 13

A	B	C
0	0	0
0	1	1
1	0	0
1	1	0

図 13 のような回路の場合，C が 1 になるのは AND 回路の直前の入力部分がともに 1 になるときである．NOT 回路があるので，A = 0, B = 1 のときのみ C が 1 になるわけである．

このような回路を 2 つ用意して，図 14 のように OR 回路で結ぶと，E はどうなるだろうか．C が 1 となるのは A = 0, B = 1 のときのみである．D が 1 になるのは A = 1, B = 0 のときのみである．C または D が 1 となれば E が 1 となるので，A = 0, B = 1 または A = 1, B = 0 のときのみ E は 1 となる．よって A = B = 0 または A = B = 1 のときは E は 0 となる．まとめると A または B の片方が 1 のときのみ E は 1 になる．これは日本語の「または」と同じ語感であり，**排他的論理和**と呼ばれている．数学で使う「または」とは異なるわけである．別の見方をすれば，2 進法での 1 桁の足し算である．桁上がりは AND 回路でよい．

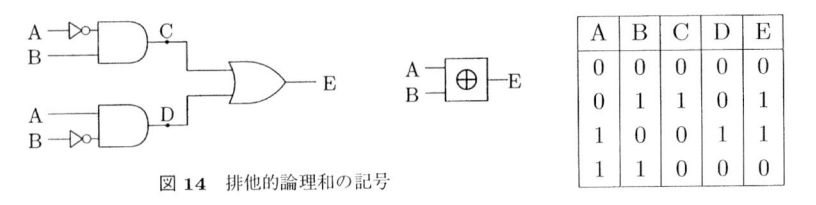

A	B	C	D	E
0	0	0	0	0
0	1	1	0	1
1	0	0	1	1
1	1	0	0	0

図 14 排他的論理和の記号

では 2 進法で 2 桁の足し算はどうしたらよいだろうか．桁上がり C を考えると，A+B+C は 0 より 3 までの数となり，この値を 2 進法で 2D+E と表せば，D や E は次の表のようになる．

A	B	C	A+B+C	D	E
0	0	0	0	0	0
0	0	1	1	0	1
0	1	0	1	0	1
0	1	1	2	1	0
1	0	0	1	0	1
1	0	1	2	1	0
1	1	0	2	1	0
1	1	1	3	1	1

A, B, C より E を得る論理回路は図 15 のようにすればよい．

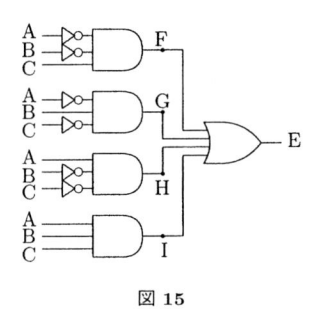

§15. 論 理 回 路

A	B	C	F	G	H	I	E
0	0	0	0	0	0	0	0
0	0	1	1	0	0	0	1
0	1	0	0	1	0	0	1
0	1	1	0	0	0	0	0
1	0	0	0	0	1	0	1
1	0	1	0	0	0	0	0
1	1	0	0	0	0	0	0
1	1	1	0	0	0	1	1

図 15

Fが1となるのは，AND回路の直前がすべて1のときのみである．NOT回路が2つあるので A = 0, B = 0, C = 1 のときのみ F は 1 となる．G, H, I も同様に表のようになる．F, G, H, I の1つでも1になれば，OR回路の出力 E は 1 となる．よって望ましい E の回路が完成した．同様に D を得るには A, B, C のどのような組み合わせのとき，D が 1 になるか調べる．たとえば A = 0, B = C = 1 のとき D は 1 になるので A には NOT 回路を付け，B, C はそのままで AND 回路を作ればよい．他の3つにも NOT 回路と AND 回路を組み合わせて作り，最後に OR 回路でつなげれば，図16のように望ましい D を出力する回路が完成する．2つまとめて**全加算器** (full adder) という．記号で FA と表す (図17)．よって2桁の数 2A+B と 2C+D の答え 4E + 2F+G を得る回路は次の図18のようにすればよい．

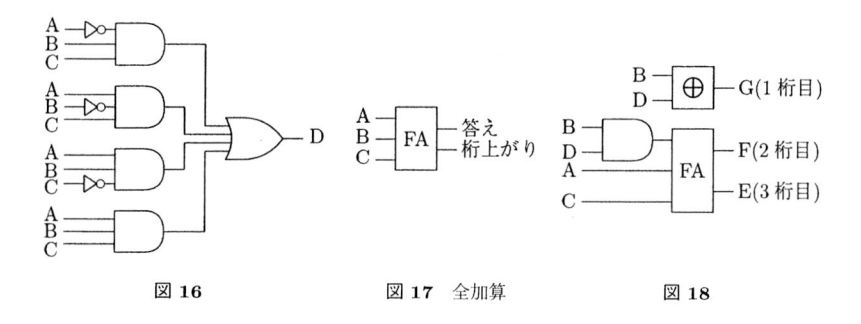

図 16　　　図 17　全加算　　　図 18

問 15.1. A, B, C, D は 0 または 1 とする．8A+4B+2C+D は 0 より 15 までの範囲にあるが，7 の倍数となるときのみ 1 を出力する論理回路を作れ．

§16. 演算回路

1語が16ビットではなく5ビットしかない場合を考えよう. 2進法で0より $2^5 - 1 = 31$ までしか表せない. さらに2の補数表示にすると, 一番左のビットが符号ビットとなり, -16 より 15 までしか表せない. 模型のコンピュータを作るときは, 1語=5ビット とする. このような模型で演算装置を作ろう.

加法は普通の2進法のように加えて一番左のビットからの桁上がりは捨ててしまえばよい. すべて $\mod 2^5$ で考えればよいからである. よって a と b を加え $c = a + b$ を得るには

$$a = a_4 \cdot 2^4 + a_3 \cdot 2^3 + a_2 \cdot 2^2 + a_1 \cdot 2 + a_0$$

$$b = b_4 \cdot 2^4 + b_3 \cdot 2^3 + b_2 \cdot 2^2 + b_1 \cdot 2 + b_0$$

$$c = c_4 \cdot 2^4 + c_3 \cdot 2^3 + c_2 \cdot 2^2 + c_1 \cdot 2 + c_0$$

としたとき, 全加算器 FA を 5 つ用意して, 桁上がりを上の桁の入力へ結べばよい (図 19).

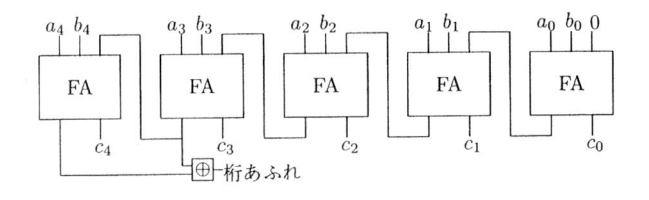

図 19

1桁目は a_0 と b_0 および 0 を入力すればよい. 4桁目よりの桁上がりと5桁目よりの桁上がりの排他的論理和を作れば, この値が1のとき, 桁あふれが起こり, 正しい答えでないことがわかる.

次に引き算であるが, 2の補数表示であることより $a - b = a + \bar{b} + 1$ となり b の各桁のビットを 0 と 1 を逆にし, 1桁目には 1 を加えればよい. 0 と 1 を逆にするには NOT 回路を使えばよいが, 足し算と引き算を同じ回路ですますには, 図 20 のように排他的論理和を利用すればよい.

f が 0 のときは $b_0, \ldots, b_4$ の値はそのまま FA に入力される. また $f = 1$ の

§17. 符号化回路と解読回路

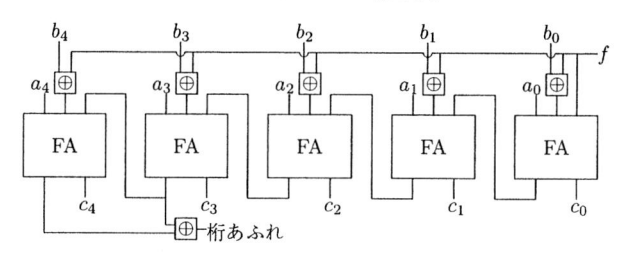

図 20

ときは排他的論理和の回路を通り，b_i は逆転して FA に入力される．また 1 桁目には 1 が加わる．つまり $f=0$ とすれば $a+b$ が得られ，$f=1$ とすれば $a-b$ が得られるわけである．

§17. 符号化回路と解読回路

キーボードに 7 つしかキーがなかったとしよう．それらのキーに通し番号をつけ $1,\ldots,7$ という数字を対応させよう．どれかのキーを押したとき，それに対応する数は，図 21 の回路により得られる．このような回路を**符号化回路**という．

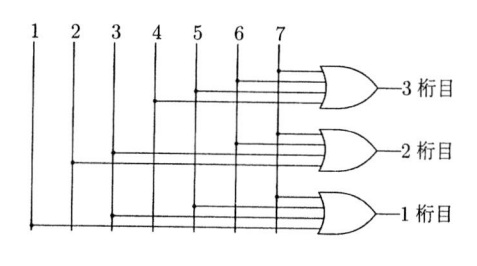

図 21 符号化回路

キーを押さないときは，キーにつながっている線は 0 という状態であり，たとえば 5 に対応するキーを押すと，そのキーにつながっている線のみが 1 という状態になる．よって OR 回路により 3 桁目と 1 桁目が 1 となり，2 進法だと思えば 101 つまり 5 という数となり，コンピュータは 5 の対応するキーが押されたことを知る．

逆に 1 より 7 までの数に対して，その数に対応する 1 本の線のみ 1 にするには図 22 のようにすればよい．

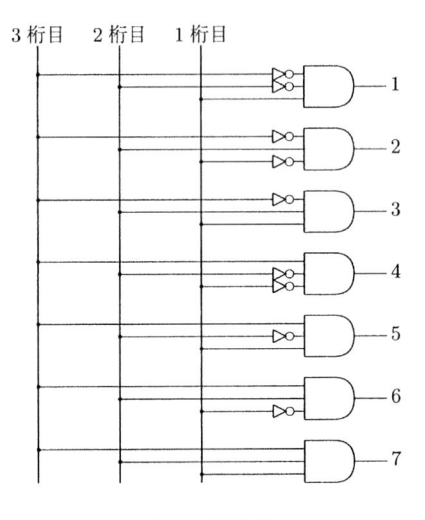

図 22　解読回路

このような回路を**解読回路**という．通し番号を解読して対応する線のみを 1 にするからである．電動タイプライターなら，1 になった線につながっている文字がタイプされるわけである．

§18. フリップフロップ

図 23 のような回路において，$S = 1$, $R = 0$ とするとどうなるだろうか．$S = 1$ なので，OR 回路を通り $A = 1$ となる．NOT 回路を通り $B = 0$ となる．$R = 0$ なので，OR 回路を通っても $C = 0$ である．よって NOT 回路を通り $D = 1$ となる．このようになれば回路は安定し，変化しない．また $Q = D = 1$, $\bar{Q} = B = 0$ である．このような状態を 1 と呼ぶことにする．さて，このように安定してから，$S = R = 0$ とすると，変化するだろうか．$D = 1$ なので $S = 0$ であっても OR 回路を通り $A = 1$ である．つまり全体は変化しない．

次に $S = 0$, $R = 1$ とすると，$C = 1$ となり，$D = 0$ となり $A = 0$ となり，$B = 1$ となり，つまりすべてが逆になり，安定する．このように安定してから

§18. フリップフロップ

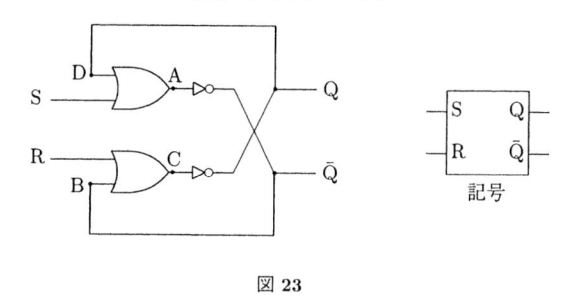

図 23

S = R = 0 としても変化しない．このような状態を 0 と呼ぶことにする．

問 18.1. S = R = 1 として，安定してから S = R = 0 とすると，どうなると予想されるか．

まとめると，この回路は 2 つの状態を持っていて，S = R = 0 であるかぎり，その状態を保つ．Q = 1 となる状態にしたければ S = 1, R = 0 とすればよく，Q = 0 となる状態にしたければ S = 0, R = 1 とすればよい．その後，S = R = 0 としても無変化である．シーソーゲームのように 2 つの状態があるのでこの回路を **フリップフロップ回路** という．

この回路を 2 つ使い，図 24 のような回路を作るとどうなるだろうか．D には 0 または 1 というデータを流す．t はクロックパルスで，パルスとは 0 より急に 1 になり，少し時間がたつと 1 より急に 0 になる電流のことである (図 25)．

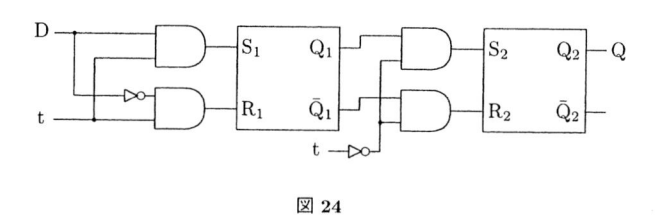

図 24

通常の交流電流は電圧がサインカーブを描くが，コンピュータではこのようなパルス電流が必要である．t = 1 の場合を考えよう．AND 回路を通って左側のフリップフロップには D の値が S_1 に入り，その否定が R_1 に入る．つまり

第3章 論 理 回 路

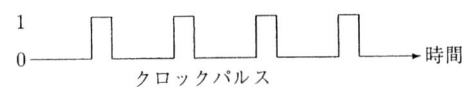

図 25

Dの値と同じ状態になる．しかし右側のフリップフロップは変化しない．tはNOT回路を通り0となり，左側のQ_1や$\bar{Q}_1$が何であってもAND回路を通った値は0となるからである．

逆にt = 0のときを考えよう．左側のフリップフロップが0という状態であるとしよう．つまり$Q_1 = 0$, $\bar{Q}_1 = 1$としよう．tはNOT回路を通り1となるので，左側の$Q_1 = 0$, $\bar{Q}_1 = 1$は，そのままAND回路を通り右側のフリップフロップに入り，右側も0という状態になる．しかしDが何であっても，t = 0であるから，左側のフリップフロップは変化しない．これを描くと図26のようになる．時間がたつと左より右へ進む．t = 1となったとき，左側のフリップフロップがデータDの値を取り入れる．t = 0となったとき，その値は右側へ伝わる．この回路を**D型フリップフロップ**と呼ぶことにしよう．Dはdoubleのつもりである．記号では図27のようにと書くことにしよう．Qは右側のフリップフロップのQ_2である．Cは時計(clock)の頭文字のつもりである．t = 0であるかぎり，Dより何が入ってきても一定の状態を保つ．t = 1となったとき，Dより入ってきた値が取り込まれ，t = 0になったとき，Qよりその値は出力される．つまりこの回路は1ビットの記憶素子として使える．

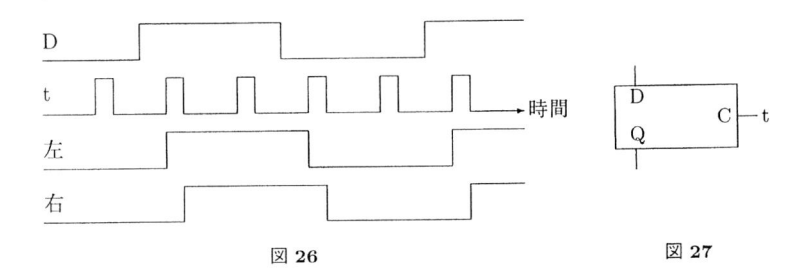

図 26   図 27

§19. カウンタ

まず図28のような回路はどのように変化するだろうか考えよう. はじめ $Q=0$ という状態だったとしよう. Q の値は NOT 回路を通り1となり D より入ろうとしている. しかし $t=0$ であるかぎり変化はしない. $t=1$ となったとき1という値が D より取り入れられる. しかし Q はまだ変化しないで0のままである. $t=0$ となったとき, はじめて Q より1が出力されるようになる. $Q=1$ となり, NOT 回路を通り, 0という値が D より入ろうとしても, すでに $t=0$ であるから入れない. これを描くと, 図29のようになる. D は取り入れた値を示している.

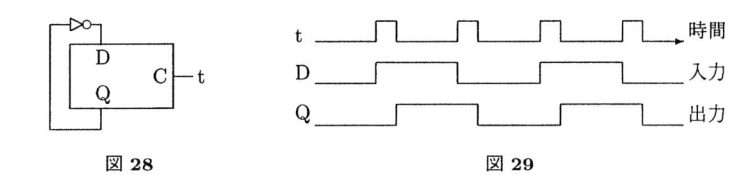

図 28　　図 29

まとめると, クロックパルスが1になるごとに Q は, $0 \to 1 \to 0 \to 1 \to \cdots$ と交互に変化する. この回路を **2進カウンタ** という.

ではこの2進カウンタを2つ, 図30のように並べるとどうなるだろうか. はじめは $Q_0=0$, $Q_1=0$ としよう. $t=0$ であるかぎり変化はない. $t=1$ となったとき, D_0 より1という値が取り入れられる. しかし Q_0 は0であるので D_1 には何も取り入れられない. 次に $t=0$ となったとき, Q_0 より1が出力されるようになる. しかし $t=0$ なので, D_1 には何も取り入れられない. 次に $t=1$ となったとき, D_0 より0が取り入れられる. また $t=1$, $Q_0=1$ なので D_1 より1が取り入れられる. 以後, 図31のように変化する.

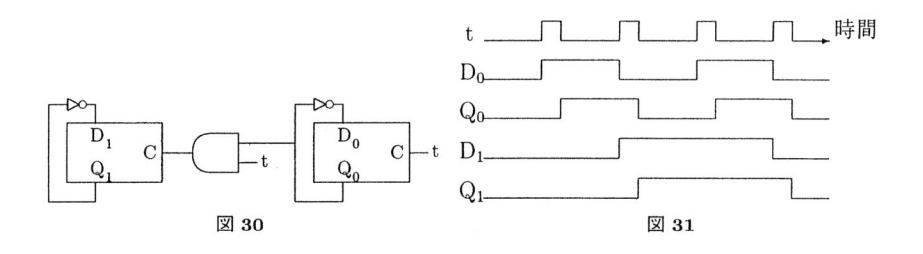

図 30　　図 31

Q_1 を 2 進法の 2 桁目, Q_0 を 1 桁目と思うと Q_1Q_0 は $0 \to 1 \to 2 \to 3 \to 0 \to \cdots$ と変化する. よってこの回路を **4 進カウンタ** という.

同様に図 32 のようにすれば 8 進カウンタができる.

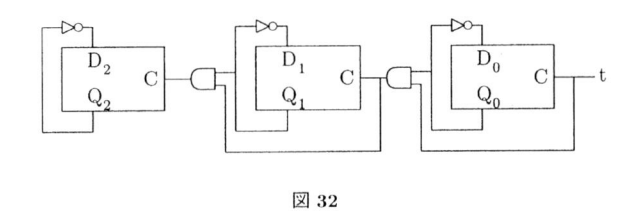

図 32

問 19.1. t, D_0, Q_0, D_1, Q_1, D_2, Q_2 がどのように変化するかを t が 8 回 1 になるときまで図を描け.

腕時計の中には 1 秒間に正確に 32768 回 (2^{15} 回) パルスを発生する水晶発振器が入っている. また 2 進カウンタを 15 個並べた 2^{15} 進カウンタも入っている. 15 番目の 2 進カウンタが 1 になるごとに 1 秒針を進めれば, 正確な時計になる. 15 番目の 2 進カウンタは 2^{14} 回目に 1 となり, さらに 2^{14} 回目に 0 となり, ふたたび 2^{14} 回目に 1 となるからである.

第4章

コンピュータの模型

§20. 構成要素

まずコンピュータには，心臓の役目をするパルス発生装置がある．一定のリズムでパルス電流を発生させ，そのパルスに合わせてコンピュータは動く．原理的に書くと，コンピュータは図33のようになっている．

論理回路は AND, OR, NOT 回路で組み立てられて，入力に対して定まった値を出力するものである．よってフリップフロップのような状態を持つものは通常は論理回路とは呼ばないで，**順序回路**という．n 個の記憶素子を持つ記憶装置は 2^n 個の状態を持つ．この状態と外部からの入力値は論理回路を通り，入力に応じて定まる値を出力する．この値は，パルスが 1 にならないかぎり，記憶装置には入っていかない．パルスが発生すると，記憶装置の状態を変える．変わった値はパルス電流が 1 の間は出力されない．パルス電流が 0 になったときから新しい値が出力される．よって変化した状態は次のパルスのときに使わ

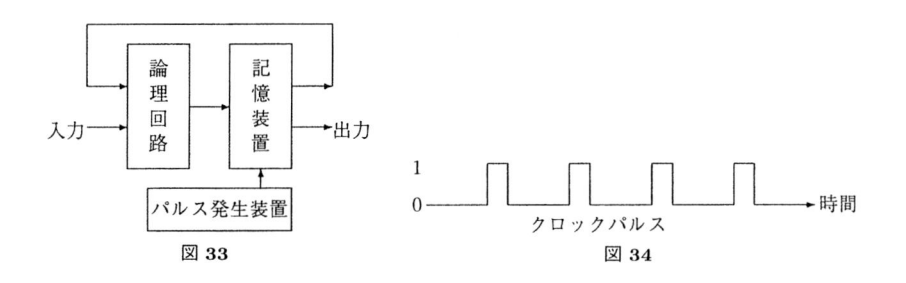

図 33

図 34

第4章　コンピュータの模型

```
スタートボタン ── S  Q
                          ── パルス発生装置 ── t₁
ストップボタン ── R  Q̄
                                         ── t₂
            左側のフリップフロップを1にした瞬間
```

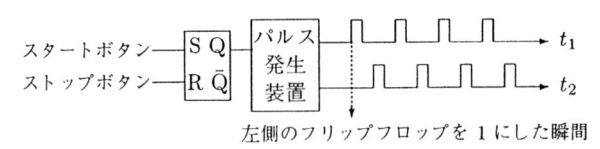

図 35

れる．このようにパルスが発生したとき，外部からの入力値と，内部の状態を組み合わせて新しい状態となる．これがコンピュータの原理的な動作である（図33）．

パルス電流とは0という電圧より急に1という電圧になり，少し1という電圧が続いて，また急に0という電圧になるような交流電流である（図34）．1になったとき，パルスが発生した，という．これから作るコンピュータの模型では t_1 と t_2 という2種類のパルスを発生するパルス発生装置を使う（図35）．

図35のような左側のフリップフロップが0という状態のときはパルスを発生しない．スタートボタンを押してフリップフロップを1という状態にするとパルスを発生しはじめる．まず t_1 にパルスが発生し，t_1 が0になってから次に t_2 にパルスが発生する．そのあと交互にパルスが発生する．また，たとえばストップボタンを押してフリップフロップを0という状態にすれば，パルスは発生しなくなる．パルスが発生しないとコンピュータは変化しなくなる．つまりコンピュータは止まる．

問 20.1. t_1 にパルスが発生すると a となり，t_2 にパルスが発生すると b となる回路を作れ．ただし a および b は0または1の電流である．

パルス発生装置以外には演算装置などの論理回路や記憶装置，入力装置，出力装置がある．コンピュータの模型では入力装置と出力装置は省略しよう．すると，図36，図37のような部品に分かれる．

```
0番地 ┌─┬─┬─┬─┐          プログラムカウンタ (PC)
1番地 ├─┼─┼─┼─┤          ┌────────┐
2番地 ├─┼─┼─┼─┤          │番地解読回路│
3番地 └─┴─┴─┴─┘          └────────┘
          記憶装置
```

図 36

§20. 構成要素

まずコンピュータの模型では1語=5ビットであり，記憶装置は全部でわずか4語しかない．つまり0番地より3番地までしかない．よって次に実行する命令の番地を入れておくプログラムカウンタは2ビットで十分である．1語を命令と見たとき，左3ビットは命令部であり，右2ビットが番地部である．命令は，load, store, add, subtract, stop, jump, jump minus の7つなので，命令部は3ビットで十分である．プログラムカウンタの番地を解読したり，番地部を解読するのが番地解読回路である (図36).

命令部や番地部を解読するには，一時的にそれらを保管する命令レジスタが必要であり，命令部を解読する命令解読回路も必要となる．最後に，足し算や引き算を実行する演算回路と，その結果を保管するアキュムレータ (5ビット) が必要である (図37).

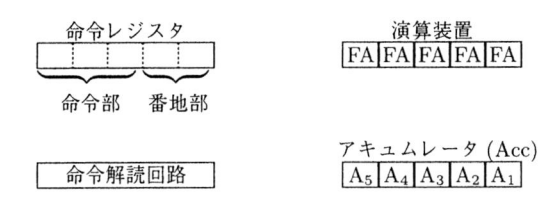

図 37

以上が構成要素のすべてである．次にこれらを詳しく説明し，コンピュータがどのように命令を実行するかを述べよう．あらすじをいえば，スタートボタンを押したあと，まず t_1 にパルスが発生する．すると，プログラムカウンタが番地解読回路で分析され，その番地の示す記憶装置の内容が命令レジスタにコピーされる．また同時にプログラムカウンタの値が1つ大きくなる．これまでが t_1 にパルスが発生したとき行われる動作である．次に t_2 にパルスが発生すると，命令レジスタの命令部は命令解読回路で分析され，番地部は番地解読回路で分析される．load, store, add, subtract 命令は，演算装置とアキュムレータを使い実行される．stop M 命令は M そのもの (2ビット) をプログラムカウンタに入れ，同時にパルス発生装置の前にあるフリップフロップを0という状態にする．jump M 命令は，もっとやさしく，単にMそのものをプログラムカウンタに入れるだけである．jump minus M 命令はアキュムレータの一番

左の符号ビットが 0 のときは何もしないが，1 のときは M そのものをプログラムカウンタに入れる．以上が t_2 が 1 になったときの動作である．次に t_1 が 1 となるので，ふたたびプログラムカウンタの示す番地の内容を実行する．以下同様に自動的に動きだす．

§21. 命令読みだし

プログラムカウンタは 2 つの D 型フリップフロップよりできている 4 進カウンタである (図 38).

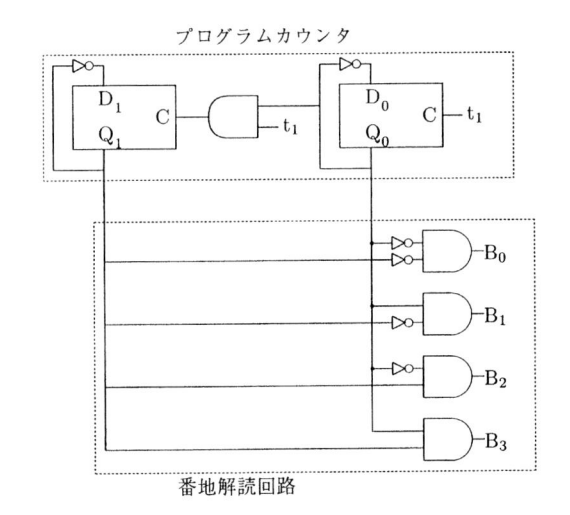

図 38

プログラムカウンタの内容は図 38 のような番地解読回路とつながっている．プログラムカウンタが 2 番地を示していれば，つまり左側が 1 で右側が 0 の状態ならば，番地解読回路を通ると B_2 だけが 1 となり他の B_0, B_1, B_3 は 0 となる．B_2 は記憶装置の 2 番地と図 39 のようにつながっている．2 番地は D 型フリップフロップが 5 つ並んでいるだけである．

2 番地から流れ出る内容は AND 回路に進む．AND 回路は門番のようなもので B_2 が 0 であるかぎり，何も通さない．B_2 が 1 になったとき，2 番地の内容が外へ流れ出る．流れ出た内容は図 40 のように命令レジスタに到着する．

§21. 命令読みだし

図 39

命令レジスタ

命令解読回路

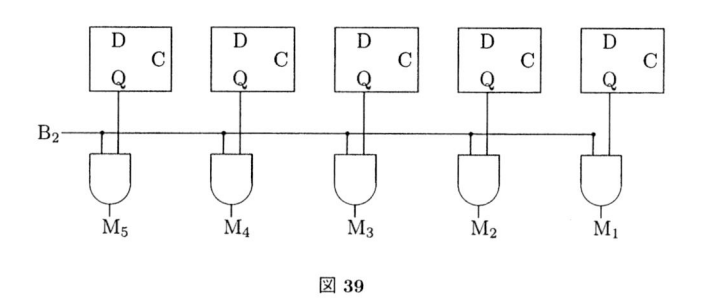

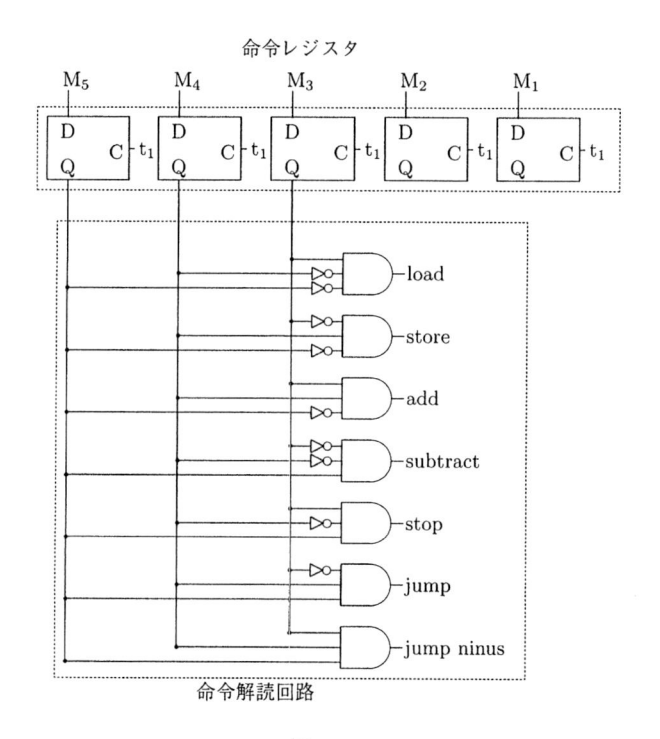

図 40

さてスタートボタンを押して眠っていたパルス発生装置が目を覚まし，t_1 にパルスが発生したとしよう．すると 2 番地の内容は命令レジスタに記憶され，プログラムカウンタの内容は 1 つ大きくなり，3 番地を示すようになる．t_1 が 0 になったとき，命令レジスタの左 3 ビット，つまり命令部から 2 番地の左 3 ビットと同じ値が出力される．命令部は図 40 のように命令解読回路につながっているので，命令に対応する 1 本の線だけが 1 となり，他は 0 が命令解読回路より出力される．

以上が t_1 にパルスが発生したときの動作である．まとめると，プログラムカウンタの示す番地の内容が命令レジスタに入り分析され，またプログラムカウンタの値は 1 つ大きくなるわけである．

§22. 命　令　実　行

さて t_2 にパルスが発生したとしよう．命令レジスタの右 2 ビットである番地部は番地解読回路へつながっている．もちろんプログラムカウンタと混信しないように工夫されている．

問 22.1. たとえば，どのようにしたらよいか．問 20.1 の回路を利用せよ．

よって $B_0, \ldots, B_3$ のうち番地部が示す 1 本だけが 1 になっている (図 41).
命令が load 1 だったとしよう．すると B_1 だけが 1 となるわけである．よって，図のように 1 番地の内容がアキュムレータへ流れ出している．アキュムレータには D 型フリップフロップが 5 つ並んでいるだけである．アキュムレータに到着したデータは通常はアキュムレータに入ることができない．D 型フリップフロップの C の部分が 1 にならないかぎり，門は閉じられ入れないわけである (図 42). ところが，現在 load 1 という命令だったので，命令解読回路で分析されて load と書かれた線には 1 という電流が流れている．また t_2 にはパルスが発生して 1 となっている．よって 1 番地の内容はアキュムレータに入る．つまり 1 番地の内容がアキュムレータにコピーされるわけである．

次に命令が store 1 だったとしよう．アキュムレータと 1 番地は図 43 のように結ばれている．

1 番地の門は，store と書かれた線が 1 であり B_1 が 1 でないと開かれない．

§22. 命令実行

命令レジスタの右2ビット

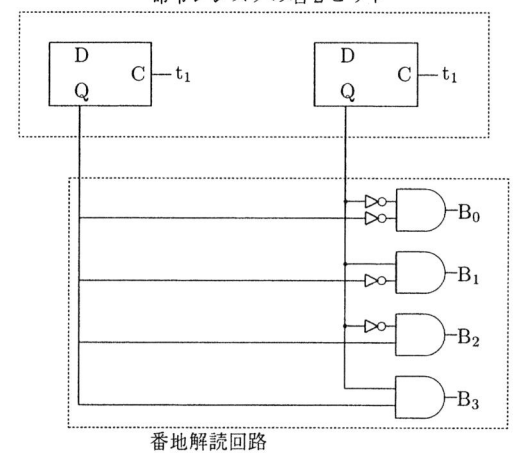

図 41

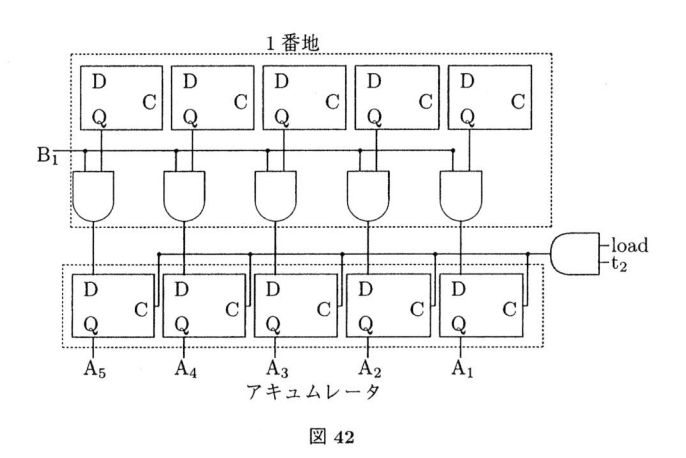

図 42

つまり store 1 という命令でないと開かない．さらに t_2 にパルスが発生したときのみ開かれる．よって無事アキュムレータの内容は1番地へコピーされるわけである．

さて演算装置の必要な add または subtract 命令の場合を考えよう．命令が add 1 または subtract 1 となっていたとしよう．よって $B_1 = 1$ となり，1番地の内容は $M_1, \ldots, M_5$ へ流れ出ている．流れ出たものは演算装置と図 44 の

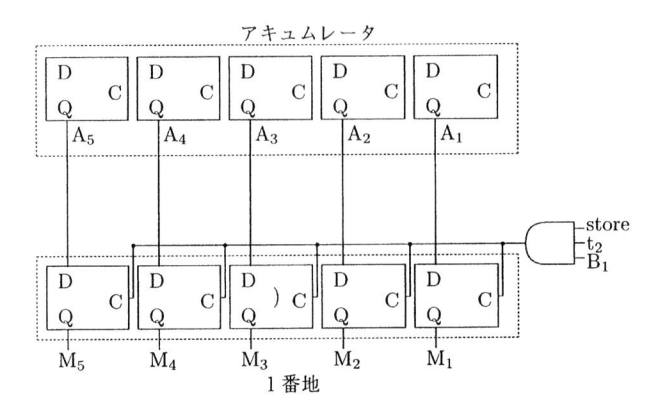

図 43 store 命令

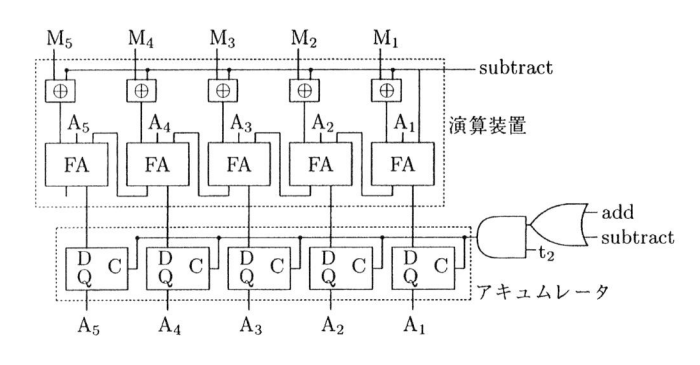

図 44 加法と減法

ように結ばれている．

まず add 1 の場合，subtract と書かれた線は 0 という電圧になっている．よって 1 番地の内容である $M_1, \ldots, M_5$ は，そのまま全加算器 FA に入る．またアキュムレータの値もそのまま全加算器に入る．よって 2 進法の加算が行われ，その結果はふたたびアキュムレータに到着する．アキュムレータの門は $t_2 = 1$ のとき，add $= 1$ または subtract $= 1$ ならば開かれる．よって加えられた結果は無事アキュムレータに入る．入っても $t_2 = 1$ である間はその新しい値は外へ出ないので安心である．次に subtract 1 の場合，subtract と書かれた線は 1 という電圧になっている．よって 1 番地の内容である $M_1, \ldots, M_5$ は

§22. 命 令 実 行

排他的論理和である $\oplus$ を通り，逆転する．さらに，演算装置の1桁目には1が加えられる．よって2の補数表示のおかげでアキュムレータより1番地の内容を引いたものがふたたびアキュムレータに到着するわけである．

以上とは趣の異なる stop, jump, jump mimus 命令について説明しよう．これらはプログラムの流れを変える命令である．よってプログラムカウンタの値を変えればよい．stop 1 は 1 そのものをプログラムカウンタに入れ，パルス発生装置を止めればよい．よって図 45 のようになる．

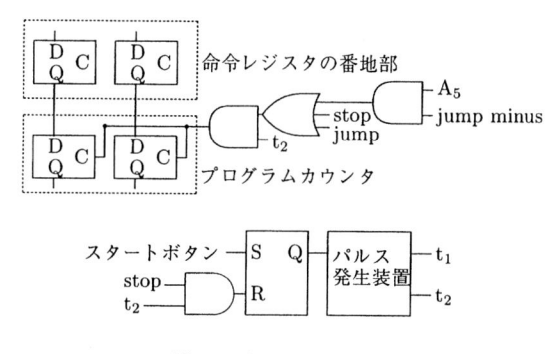

図 45 流れを変える命令

stop と書かれている線に1という電流が流れると，$t_2=1$ のときはプログラムカウンタの門が開けられ命令レジスタの番地部がプログラムカウンタに入る．さらにパルス発生装置の手前にあるフリップフロップが 0 となり，次からはパルスが発生しなくなる．よってスタートボタンを押すまでは，コンピュータは止まる．スタートボタンを押したとき，プログラムカウンタは 1 なので次は 1 番地より実行されるようになる．jump 1 命令はパルス発生装置を止めない．よって次は 1 番地を実行することになる．つまりプログラムは 1 番地へ jump するわけである．さてアキュムレータの内容が負ならば jump するという判断を伴った jump minus 1 について説明しよう．アキュムレータが負だということは，一番左の符号ビットである A_5 が 1 のときである．jump minus と書かれた線が 1 のとき，このときは他の stop と書かれた線や jump と書かれた線は 0 となっている．よって A_5 が 1 でないかぎりプログラムカウンタの門は開かない．A_5 が 1 のときは命令レジスタの番地部がプログラムカウンタに入る．つ

まり判断が行われたことになる．コンピュータの一番興味深い判断がたった1つの AND 回路により成り立っているわけである．

問 22.2. t_1 にパルスが発生したときは，カウンタの値が1つ大きくなり，t_2 にパルスが発生したときは，命令レジスタの番地部が必要に応じてカウンタに入るように回路を修正せよ．

以上ですべての命令は無事実行されたことになる．次はパルス発生装置より t_1 にパルスが発生すると，同じことが繰り返される．同じといってもプログラムカウンタの値は通常は1つ大きくなるので，次の番地の命令を実行するわけである．

第5章

素因子分解と暗号

　大きな自然数を素因子分解するには，どうしたらよいだろうか．小さい素数で順に割っていけば原理的には可能であるが，それでは 50 桁の数の素因子分解はスーパーコンピュータで何年かかってもできない．少し前 (1994 年) 129 桁の数が複数多項式 2 次ふるい法で 64 桁と 65 桁の素数に分解されニュースとなった．さらに最近 (1999 年) 155 桁の数が数体ふるい法で 78 桁と 78 桁に分解された．どのような方法かを説明しよう．また 100 桁ほどの素数を 2 つ掛けて作られた数は素因子分解が現時点では不可能に近いので，公開鍵暗号として利用できることを説明しよう．

§23. 合同式の四則算法

　第 1 章でもふれたように整数 a と b および自然数 m が与えられたとき，

$$a \equiv b \pmod{m}$$

とは $a - b$ が m で割り切れることである．いい換えれば a を m で割った余りと b を m で割った余りが等しいことである．

　問 23.1. いい換えたことをきちんと示せ．

　このとき a と b とは m を法として等しい，という．または a と b とは合同である，という．また $a \equiv b \pmod{m}$ のような式を**合同式**という．

$$a \equiv b \pmod{m}, \quad c \equiv d \pmod{m}$$

のとき，$a - b$ および $c - d$ は m の倍数である．よって

$$(a + c) - (b + d) = (a - b) + (c - d)$$
$$(a - c) - (b - d) = (a - b) - (c - d)$$
$$ac - bd = ac - ad + ad - bd$$
$$= a(c - d) + (a - b)d$$

も m の倍数となる．つまり

$$a + c \equiv b + d \pmod{m}$$
$$a - c \equiv b - d \pmod{m}$$
$$ac \equiv bd \pmod{m}$$

となる．つまり足し算，引き算，掛け算は m を法としても自由に行える．

問 23.2. $f(x)$ を整係数の多項式とする．$a \equiv b \pmod{m}$ ならば $f(a) \equiv f(b) \pmod{m}$ を示せ．

問 23.3. $987654321 \equiv 9 + 8 + 7 + 6 + 5 + 4 + 3 + 2 + 1 \pmod{9}$
$987654321 \equiv 9 - 8 + 7 - 6 + 5 - 4 + 3 - 2 + 1 \pmod{11}$ を示せ．

では割り算はどうなるであろうか．b を a で割るとは $ax = b$ なる x を求めることである．m を法として b を a で割るとは

$$ax \equiv b \pmod{m}$$

となる整数 x を求めることである．もし a と m の最大公約数が 1 ならば，ユークリッドの互除法を用いて必ず x が求まることを示そう．ユークリッドの互除法とは，a と m より

$$a = mq_0 + r_1, \quad r_1 < m$$
$$m = r_1 q_1 + r_2, \quad r_2 < r_1$$
$$r_1 = r_2 q_2 + r_3, \quad r_3 < r_2$$

§23. 合同式の四則算法

$$\vdots$$
$$r_{i-1} = r_i q_i + r_{i+1}, \quad r_{i+1} < r_i$$
$$\vdots$$
$$r_{n-2} = r_{n-1} q_{n-1} + r_n, \quad r_n < r_{n-1}$$
$$r_{n-1} = r_n q_n$$

と次々に割り算をしていったとき，最後の r_n が a と m の最大公約数になることであった．このとき，$r_1, r_2, \ldots, r_n$ は a と m の1次結合，つまり，ある整数 x と y で $ax + my$ の形に表されることが帰納法でわかる．まず $r_1 = a \cdot 1 + m(-q_0)$ となるからよい．次に

$$\begin{aligned} r_2 &= m - r_1 q_1 \\ &= m - \{a \cdot 1 + m(-q_0)\} q_1 \\ &= a(-q_1) + m(1 + q_0 q_1) \end{aligned}$$

となるからよい．$r_{i-1} = a \cdot x_{i-1} + m \cdot y_{i-1}, \ r_i = a \cdot x_i + m \cdot y_i$ のとき

$$\begin{aligned} r_{i+1} &= r_{i-1} - r_i \cdot q_i \\ &= (a \cdot x_{i-1} + m \cdot y_{i-1}) - (a \cdot x_i + m \cdot y_i) q_i \\ &= a(x_{i-1} - x_i q_i) + m(y_{i-1} - y_i q_i) \end{aligned}$$

となるから帰納法による証明は終わった．よって a と m の最大公約数 r_n も $a \cdot x + m \cdot y$ の形となる．特に a と m の最大公約数が1のとき，$1 = a \cdot x_n + m \cdot y_n$ と書けるわけである．

問 23.4. $17x + 13y = 1$ となる x, y を求めよ．

よって $1 - a \cdot x_n = m \cdot y_n$ となるので

$$a \cdot x_n \equiv 1 \pmod{m}$$

となる．x_n はユークリッドの互除法のときの商 $q_0, q_1, \ldots, q_{n-1}$ を用いて計

算することができる．この式の両辺に b を掛ければ，つまり $b \equiv b \pmod{m}$ であるから，合同であるもの同士は掛けることができるので

$$a(b \cdot x_n) \equiv b \pmod{m}$$

が得られる．つまり，$x = b \cdot x_n$ とすれば，m を法としたときの b を a で割った答えが得られる．他に $a \cdot y \equiv b \pmod{m}$ となる解があれば，$a \cdot y \equiv b \equiv a \cdot x \pmod{m}$ より $a(y - x)$ が m で割れ，a と m の最大公約数が 1 であることより，$y - x$ が m で割り切れる．つまり，解は mod m でただ 1 つである．特に m が素数 p のとき，mod p での割り算は，a が p で割れなければ，$a \cdot x \equiv b \pmod{p}$ には解がある．つまり，いつも a で割ることができる．

問 23.5. $57x \equiv 2 \pmod{22}$ を解け．

以上のことをもう少し高い立場から見直そう．整数全体 $\mathbf{Z}$ を p で割ったとき余りが等しいものを集めて p 個の類 (組) に分類したとしよう．同じ類の 2 つの数は mod p で合同である．1 つの類 A より a を取り出し，他の類 C より c を取り出して，$a + c$ の含まれる類を E とすると，E は A と C のみによって定まり，a や c の選び方に関係しない．これが $a \equiv b, c \equiv d$ ならば $a + c \equiv b + d$ の意味である．同様に $A - C, A \cdot C$ も定まり，A に 0 が含まれていなければ，C を A で割った類も定まる．このように p 個の類に四則演算ができるので，この p 個の類をあたかも数のように考えて，p 個の元より成る**有限体**と呼ぶ．1 つの類が 1 つの元なのである．この有限体のことを $\mathbf{F}_p$ と書くことが多い．特に $p = 2$ のとき $\mathbf{F}_2$ は $\{1, 0\}$ という 2 つの元より成る．0 は偶数全体の類を表し，1 は奇数全体の類を表しているわけである．このとき

$$0 + 0 = 0 \qquad 0 \cdot 0 = 0$$
$$0 + 1 = 1 \qquad 0 \cdot 1 = 0$$
$$1 + 0 = 1 \qquad 1 \cdot 0 = 0$$
$$1 + 1 = 0 \qquad 1 \cdot 1 = 1$$

となる．

1 つの類を 1 つの元として扱うことに，とまどう人も多いであろう．1 つの

類には何か共通した性質があり，その性質だけを大切にしたいとき，その性質を1つの元と思うわけである．数学ではこのことを**抽象化**という．たとえば5個のリンゴと5個のミカンでは個数が等しい，という性質がある．5という数がある前に，個数が等しいか否かはわかる．並べてみればよい．個数が等しいとか多いとか少ないということは，並べてみればはっきりする．個数が等しいものの共通の性質として，その性質のことを5というわけである．5という数は一度抽象化して生まれた言葉である．5という数字が道端にころがっているわけではない．しかし，5という言葉のおかげで並べなくても多いか少ないか分かる．同じように $\bmod m$ で分類すると，1つの類は m で割った余りが等しい，という性質がある．m で割った余りそのものが大切なとき，整数を m 個の類に分け，その類を1つの元と考えるわけである．整数を今ひとたび抽象化して，たとえば $\mathbf{F}_p$ が得られる．整数は無限個の元があるのに $\mathbf{F}_p$ は p 個の元しかなくて，とても扱いやすい．

問 23.6. $\mathbf{F}_5$ の足し算と掛け算の表を作れ．

さてユークリッドの互除法を使うと，自然数はただ1通りに素数の積に分解されることを示そう．自然数 a が素数 p で割れないとき，a と p の最大公約数は1である．よって $ax + py = 1$ となる整数 x と y が，ユークリッドの互除法より計算できる．この事実を使うと，a が p で割れないとき，もし ab が p で割れるならば b が p で割れることが次のように証明される．$ax + py = 1$ の両辺を b 倍すれば $abx + pby = b$ となる．ab が p で割れるので，左辺の2つの項 abx と pby はともに p で割れる．よって b が p で割れるわけである．この素数の基本的な性質を次のように使う．

もし a を素因子分解したとき

$$a = p_1 p_2 p_3 \cdots p_r = q_1 q_2 q_3 \cdots q_t$$

$$p_1 \leq p_2 \leq p_3 \leq \cdots \leq p_r, \quad q_1 \leq q_2 \leq q_3 \leq \cdots \leq q_t$$

となったとしよう．p_i, q_i はすべて素数で，さらに $p_1 \leq q_1$ としよう．p_1 は a の約数なので $q_1(q_2 q_3 \cdots q_t)$ の約数である．もし $p_1 < q_1$ ならば，q_1 は p_1 で割れないので $q_2 q_3 \cdots q_t$ が p_1 で割れることになる．同じように進むと p_1 は

q_t を割ることになり矛盾である．よって $p_1 = q_1$ となり，両辺を p_1 で割ると

$$p_2 p_3 \cdots p_r = q_2 q_3 \cdots q_t$$

となる．同じ理由により $p_2 = q_2$, $p_3 = q_3$, $\cdots$ と続き，素因子分解の一意性は証明された．

a と b の最大公約数 d を記号で (a, b) と表す．$(a, b) = 1$ のとき，a と b とは互いに素という．a と m が互いに素であり，$a(y - x)$ が m で割れるとき，$y - x$ が m で割れる．このことより $ax \equiv b \pmod{m}$ の解は $\mod m$ でただ一通りであることが導かれたわけである．

§24. フェルマーの小定理

素数 p に対して2項係数

$$\binom{p}{k} = \frac{p(p-1)(p-2) \cdots (p-k+1)}{1 \cdot 2 \cdot 3 \cdots k}$$

は $1 \leq k \leq p-1$ ならば，分母は p で割れず，分子は p で割れる．よって，この2項係数は p で割れる．よって，2項定理を使うと

$$2^p = (1+1)^p = 1 + \binom{p}{1} + \binom{p}{2} + \cdots + \binom{p}{p-1} + 1$$
$$\equiv 1 + 1 = 2 \pmod{p}$$
$$3^p = (2+1)^p = 2^p + \binom{p}{1} \cdot 2^{p-1} + \cdots + \binom{p}{p-1} \cdot 2 + 1$$
$$\equiv 2^p + 1 \equiv 2 + 1 = 3 \pmod{p}$$

となり，続けていけば，自然数 a に対して

$$a^p \equiv a \pmod{p}$$

が得られる．つまり $a^p - a = a(a^{p-1} - 1)$ は p で割り切れる．もし a が p で割れなければ $a^{p-1} - 1$ が p で割れる．つまり

$$a \text{ が } p \text{ で割れなければ} \quad a^{p-1} \equiv 1 \pmod{p}$$

§24. フェルマーの小定理

が得られた. これをフェルマーの小定理という.

問 24.1. $2^{p-1} - 1$ が p で割れることを 20 以下の奇素数で確かめよ.

別の証明をしてみよう. a が p で割れないとき,

$$a, 2a, 3a, \ldots, (p-1)a$$

も p で割れない. またこの $p-1$ 個の中には $\mod p$ で合同なものがない. たとえば

$$sa \equiv ta \pmod{p}, \quad 1 \leq s < t \leq p-1$$

とすると $ta - sa = (t-s)a$ が p で割れることになる. $1 \leq t - s \leq p - 2$ であるから $t - s$ は p で割れず, 矛盾である. よって $a, 2a, \ldots, (p-1)a$ は整数全体 $\mathbf{Z}$ を $\mod p$ で分類した p 個の類のうち, 0 を含まない $p-1$ 個のどれかの類に入り, また同じ類に入ることもない. よって, $p-1$ 個の類の中には 1 つずつ $a, 2a, \ldots, (p-1)p$ のどれかが入る. つまり

$$ta \equiv k_t, \quad 1 \leq k_t \leq p-1$$

とすると, $k_1, k_2, \ldots, k_{p-1}$ は $1, 2, \ldots, p-1$ の順を替えたものになっている. よってその積は

$$a \cdot 2a \cdots (p-1)a \equiv k_1 \cdot k_2 \cdots k_{p-1} \pmod{p}$$

$$= 1 \cdot 2 \cdots (p-1) = (p-1)!$$

となる. 左辺は

$$a \cdot 2a \cdots (p-1)a = a^{p-1} \cdot (p-1)!$$

であるから, 左辺 − 右辺 = $(p-1)!(a^{p-1} - 1)$ は p で割れる. $(p-1)!$ は p で割れないから $a^{p-1} - 1$ は p で割れる. つまりフェルマーの小定理がふたたび証明されたわけである.

2 つの証明を比べると, はじめの証明は具体的で堅実であり, 2 番目の証明はスマートである. 同じようなことは, a と b の最大公約数 d がユークリッドの互除法を使い, $d = ax + by$ と表せることの別証明にもある.

$$\langle a,b \rangle = \{ax+by \,|\, x \in \mathbf{Z},\, y \in \mathbf{Z}\}$$

としよう．つまり $\langle a,b \rangle$ は a と b の1次結合からなる集合としよう．この集合の中に c があれば $c = ax+by$ となる整数 x, y があるから $-c = a(-x) + b(-y)$ となる．つまり $-c$ も $\langle a,b \rangle$ の元である．また $nc = a(nx) + b(ny)$ であるから nc も $\langle a,b \rangle$ の元である．c' も $\langle a,b \rangle$ の元とすると，$c' = ax' + by'$ と表せる．このとき

$$c - c' = a(x - x') + b(y - y')$$

であるから $c - c'$ も $\langle a,b \rangle$ の元である．さて $\langle a,b \rangle$ には $a = a \cdot 1 + b \cdot 0$, $b = a \cdot 0 + b \cdot 1$ であるから当然 a, b も $\langle a,b \rangle$ の元である．$\langle a,b \rangle$ の元の中で，正で最小のものを d_1 とすると，$\langle a,b \rangle$ のすべての元は d_1 の倍数であることが次のようにわかる．$\langle a,b \rangle$ の元 c を d_1 で割ると，$c = nd_1 + r$ $(0 \leq r < d_1)$ となる．c も nd_1 も $\langle a,b \rangle$ の元だから r も $\langle a,b \rangle$ の元である．$\langle a,b \rangle$ の正の元で最小なものが d_1 であるから，$r = 0$ でなければならない．特に a も b も d_1 の倍数である．つまり d_1 は a と b の公約数である．しかも $d_1 = ax + by$ と表されるので d_1 は a と b の最大公約数 d で割れなければならない．よって $d_1 = d$ であり，特に $d = ax + by$ なる整数 x, y があるわけである．

この証明はスマートだけれど，具体的に x や y を計算する手段を与えていない．やはりユークリッドの互除法はすばらしい．

ところでフェルマーの小定理の拡張としてオイラーの定理というものがある．それにはまず**オイラー関数** $\varphi(n)$ について説明しなければならない．n を自然数としたとき，$1, 2, 3, \ldots, n$ の中で n と互いに素な数の個数を $\varphi(n)$ と表す．たとえば

$\varphi(n)$	n と素な数
$\varphi(1) = 1$	1
$\varphi(2) = 1$	1
$\varphi(3) = 2$	1, 2
$\varphi(4) = 2$	1, 3
$\varphi(5) = 4$	1, 2, 3, 4

$$\varphi(6) = 2 \quad 1, 5$$
$$\varphi(7) = 6 \quad 1, 2, 3, 4, 5, 6$$
$$\varphi(8) = 4 \quad 1, 3, 5, 7$$
$$\varphi(9) = 6 \quad 1, 2, 4, 5, 7, 8$$

となる．1と1が互いに素，とは妙な気もするが，公約数が1しかないので最大公約数は1となる．p が素数ならば $1, 2, \ldots, p-1$ は p と互いに素なので $\varphi(p) = p-1$ となる．n が2つの素数 p と q の積のとき，$1, 2, \ldots, n$ の中で n と互いに素でない数は p の倍数か q の倍数である．p の倍数は，$p, 2p, \ldots, pq$ となり q 個ある．同様に q の倍数は $q, 2q, \ldots, pq$ となり p 個ある．この両方を除けば n と互いに素な数ばかり残る．p の倍数でもあり q の倍数でもある数は pq である．この1個はダブって数えられている．よって

$$\varphi(pq) = pq - p - q + 1 = (p-1)(q-1)$$

となる．

問 24.2. $10 \leq n < 20$ のときの $\varphi(n)$ を計算せよ．

オイラーの定理とは，$(a, n) = 1$ ならば

$$a^{\varphi(n)} \equiv 1 \pmod{n}$$

というものである．$n = p = $ 素数 の場合がフェルマーの小定理である．

問 24.3. $2^{\varphi(15)} \equiv 1 \pmod{15}$ を計算で確かめよ．

a と n の最大公約数 (a, n) は $(a + kn, n)$ に等しいというのがユークリッドの互除法であった．このことを高い立場から見直そう．整数全体 $\mathbf{Z}$ を $\bmod n$ で分類すると n 個の類に分かれる．1つの類に a が含まれ，$(a, n) = 1$ としよう．するとその類のどの数 b も $a + kn$ と表されるので $(b, n) = 1$ となる．よって，どの元を選んでも n と互いに素なので，その類を**既約類**と呼ぶことにしよう．n 個の類の代表として $1, 2, \ldots, n$ が選べるので，$\varphi(n)$ とは既約類の個数を表しているわけである．その類を $C_1, C_2, \ldots, C_m$, $m = \varphi(n)$ とし

よう．C_i の 1 つの元を c_i としよう．さて a と n が互いに素のとき，ac_i と n も互いに素である．よって ac_i を含む類は $C_1, C_2, \ldots, C_m$ のどれかである．また $i \neq j$ ならば ac_i を含む類と ac_j を含む類は異なる．なぜならば，もし同じ類ならば $ac_i \equiv ac_j \pmod{n}$ となり $a(c_i - c_j)$ が n で割れることになる．a と n が互いに素なので $c_i - c_j$ が n で割れなければいけない．よって $i = j$ でなければいけないからである．a を含む類を A としたとき，ac_i を含む類が AC_i である．$AC_1, AC_2, \ldots, AC_m$ は $C_1, C_2, \ldots, C_m$ のどれかであるし，i と j が異なれば $AC_i \neq AC_j$ となることがわかったわけである．よって $AC_1, AC_2, \ldots, AC_m$ は $C_1, C_2, \ldots, C_m$ の順が入れ替わっただけである．なぜなら $AC_1, AC_2, \ldots, AC_m$ は $C_1, C_2, \ldots, C_m$ のどれかであり，同じものがなく，個数が等しいのだから $C_1, C_2, \ldots, C_m$ 全部にならざるを得ないからである．よって全部を掛けると等しい：

$$AC_1 \cdot AC_2 \cdots AC_m = C_1 C_2 \cdots C_m$$

代表元で書き直せば

$$(ac_1)(ac_2)\cdots(ac_m) \equiv c_1 c_2 \cdots c_m \pmod{n}$$

となる．左辺 − 右辺を $c_1 c_2 \cdots c_m$ で括ると

$$(a^m - 1) c_1 c_2 \cdots c_m \equiv 0 \pmod{n}$$

$c_1 c_2 \cdots c_m$ は n と互いに素なので $a^m - 1$ が n で割り切れ，つまりオイラーの定理が証明されたわけである．

§25. 中国の剰余定理

a と m が互いに素のとき，つまり a と m の最大公約数が 1 のとき

$$ax \equiv b \pmod{m}$$

には解がある．また他に解 y があるにしても y と x は $\mod m$ で合同である．さて m_1 と m_2 が互いに素のとき，連立合同式

§25. 中国の剰余定理

$$x \equiv b_1 \pmod{m_1}$$
$$x \equiv b_2 \pmod{m_2}$$

は次のようにして解ける．まず $x \equiv b_1 \pmod{m_1}$ とは $x = b_1 + ym_1$ という形をしていることである．これを2番目の式に入れると

$$b_1 + ym_1 \equiv b_2 \pmod{m_2}$$

となる．よって $ym_1 \equiv b_2 - b_1 \pmod{m_2}$ を解けばよいけれど，m_1 と m_2 が互いに素なので m_2 を法として y は求まる．1つの解を y_2 とすれば，一般に $y = y_2 + zm_2$ という形になる．このとき

$$x = b_1 + ym_1 = b_1 + (y_2 + zm_2)m_1 = b_1 + y_2 m_1 + z \cdot m_1 m_2$$

となる．つまり $m_1 m_2$ を法として解が定まる．m_3 が m_1, m_2 と互いに素のとき，m_3 は積 $m_1 \cdot m_2$ と互いに素になる．よって x にさらに条件が付き

$$x \equiv b_3 \pmod{m_3}$$

となっても

$$x \equiv b_1 + y_2 m_1 \pmod{m_1 m_2}$$

と連立させて，$m_1 m_2 m_3$ を法として解が定まる．もっと多く連立させても同じである．まとめると，$m_1, m_2, \ldots, m_t$ が2つずつ互いに素のとき，連立合同式

$$x \equiv b_1 \pmod{m_1}$$
$$x \equiv b_2 \pmod{m_2}$$
$$\vdots$$
$$x \equiv b_t \pmod{m_t}$$

は $b_1, b_2, \ldots, b_t$ が何であっても $m_1 m_2 \cdots m_t$ を法としてただ1つ解を持つ．これを**中国の剰余定理**という．

たとえば例として **105 減算** について説明しよう.「私の年齢は 3 で割ると 1 余り, 5 で割ると 2 余り, 7 で割ると 3 余る. 私の年齢は？」という問いに対して, 年齢を x とおくと

$$x \equiv 1 \pmod{3}$$
$$x \equiv 2 \pmod{5}$$
$$x \equiv 3 \pmod{7}$$

を解けばよい. はじめの式は $x = 3y + 1$ となることを意味する. 2 番目に代入すると

$$3y + 1 \equiv 2 \pmod{5}$$
$$3y \equiv 1 \pmod{5}$$
$$y \equiv 6y \equiv 2 \pmod{5}$$

となる. つまり $y = 5z + 2$ という形になり, $x = 3(5z + 2) + 1 = 15z + 7$ となる. 3 番目の式に代入すると

$$15z + 7 \equiv 3 \pmod{7}$$
$$z \equiv z + 14z + 7 \equiv 3 \pmod{7}$$

より $z = 7k + 3$ という形になり $x = 15(7k + 3) + 7 = 105k + 52$ となる. つまり $x = 52$ がわかるわけである.

問 25.1.

$$x \equiv 1 \pmod{5}$$
$$x \equiv 2 \pmod{7}$$
$$x \equiv 3 \pmod{11}$$

をすべて満たす x を求めよ.

§26. フェルマーテスト

1 より大きい自然数 n が素数か否か判定したいとき, $(a, n) = 1$, $1 < a < n$ なる a を選ぶ. というよりどのような a を選んでも, 多くの場合 $(a, n) = 1$ と

§26. フェルマーテスト

なる．偶然 $1 < (a,n)$ となったとしても $1 < (a,n) \leq a < n$ なので n の真の約数が見付かったことになる．$(a,n) = 1$ となり，さらに n が素数だとしたら，フェルマーの小定理より $a^{n-1} \equiv 1 \pmod{n}$ となる．よって，もし $a^{n-1} - 1$ が n で割れなければ n は素数でない．これを**フェルマーテスト**と呼ぶ．たとえば $n = 1001$ のとき $a = 2$ として a^{1000} を計算しよう．1000 を 2 進法で表すと 1111101000 となることを利用し，また $1000 \equiv -1 \pmod{1001}$ であることを利用すると，

$$2^{15} = 32768 = 32 \times 1000 + 768$$
$$\equiv 32 \times (-1) + 768 = 736 \pmod{1001}$$
$$2^{30} \equiv 736^2 = 541696 \equiv -541 + 696 \equiv 155$$
$$2^{31} \equiv 310$$
$$2^{62} \equiv 310^2 = 96100 \equiv 4 = 2^2$$
$$2^{124} \equiv 2^4$$
$$2^{125} \equiv 2^5$$
$$2^{250} \equiv 2^{10} = 1024 \equiv 23$$
$$2^{500} \equiv 23^2 = 529$$
$$2^{1000} \equiv 529^2 = 279841 \equiv 562 \not\equiv 1$$

よって 1001 は素数ではない．つまり 1 つでも $a^{n-1} \not\equiv 1 \pmod{n}$，$1 < a < n$ なる a が見付かれば，n は素数ではない．しかし $n = $ 奇数 で，$2^{n-1} \equiv 1 \pmod{n}$ となっても $n = $ 素数 とは断定できない．たとえば $n = 11 \times 31 = 341$ のとき，フェルマーの小定理より

$$2^{10} \equiv 1 \pmod{11}, \quad 2^{340} \equiv 1 \pmod{11}$$

となり，$2^5 = 32 \equiv 1 \pmod{31}$ より

$$2^{340} = (2^5)^{68} \equiv 1^{68} = 1 \pmod{31}$$

となる．よって $2^{340} - 1$ は 11 でも 31 でも割れるので 341 でも割れる．つまり

$$2^{341-1} \equiv 1 \pmod{341}$$

しかし 341 は素数ではない．

さて，もし $n-1 = p_1^{e_1} p_2^{e_2} \cdots p_t^{e_t}$ と素因子分解できたとしよう．もし，各 $i, 1 \leq i \leq t$ に対して

$$a_i^{(n-1)/p_i} \not\equiv 1 \pmod{n}, \quad a_i^{n-1} \equiv 1 \pmod{n}$$

となる a_i があったとしよう．そのときは $n =$ 素数 と断定してよい．その証明のために位数を利用しよう．

$(a, n) = 1$ のとき $a^e \equiv 1 \pmod{n}$ となる最小の自然数 e を $\mod n$ での a の**位数**という．このとき，もし $a^m \equiv 1 \pmod{n}$ ならば，m は e の倍数である．なぜなら $m = e \cdot q + r, 0 \leq r < e$ としたとき

$$1 \equiv a^m = (a^e)^q \cdot a^r \equiv 1^q \cdot a^r = a^r \pmod{n}$$

となり，r は e より小さいので，e の最小性により $r = 0$ となるからである．特にオイラーの定理より，$a^{\varphi(n)} \equiv 1 \pmod{n}$ となるので，位数は $\varphi(n)$ の約数である．

話を元に戻そう．$a_i^{n-1} \equiv 1 \pmod{n}$ より，$\mod n$ での a_i の位数 b は $n-1$ の約数である．よって $b = p_1^{f_1} p_2^{f_2} \cdots p_t^{f_t} (f_j \leq e_j)$ となるが，$a_i^{(n-1)/p_i} \not\equiv 1 \pmod{n}$ より $f_i = e_i$ となる．なぜなら，もし $f_i \leq e_i - 1$ ならば b が $(n-1)/p_i = p_1^{e_1} p_2^{e_2} \cdots p_i^{e_i-1} \cdots p_t^{e_t}$ の約数となり，$a_i^{(n-1)/p_i} \equiv 1 \pmod{n}$ となるからである．よって，特に $p_i^{e_i}$ は b の約数となり，b は $\varphi(n)$ の約数なので，$p_i^{e_i}$ は $\varphi(n)$ の約数となる．$1 \leq i \leq t$ なるすべての i について，$p_i^{e_i}$ は $\varphi(n)$ の約数となるので，$n - 1$ が $\varphi(n)$ の約数となる．$n \neq 1$ なので $\varphi(n) \leq n - 1$ となるので，$\varphi(n) = n - 1$ が得られた．これは $1, 2, \ldots, n-1$ は n と互いに素であることを表している．つまり $n =$ 素数 となる．

§27. $p - 1$ 法

フェルマーテストなどで n が合成数とわかったとしても約数がわかるわけではない．しかし，もし n のある素因子 p に対して $p - 1$ が小さな素数の積に

なっている場合は p を見付けることができる. m をたとえば 100000 と定め, p が運よく
$$p-1 = q_1^{e_1} q_2^{e_2} \cdots q_r^{e_r}, \ q_i = \text{素数}, \ q_i^{e_i} < m$$
となっていたとしよう. m 以下には素数が有限個しかないので,
$$k = \prod q_i^{f_i}, \quad q_i^{f_i} < m \leq q_i^{f_i+1}$$
としよう. つまり m 以下のすべての素数 q_i に対して $q_i^{f_i} < m \leq q_i^{f_i+1}$ となる f_i は定まるので, それら $q_i^{f_i}$ のすべての積を k とするわけである. k は大きくなるけれど計算することができ, $q_i^{e_i} < m$ より $e_i \leq f_i$ となり, $p-1$ は k の約数である. よって $(a, n) = 1$ なる a に対して, a は p で割れないので
$$a^k \equiv (a^{p-1})^{k/(p-1)} \equiv 1 \pmod{p}$$
となるはずである. よって $a^k - 1$ は p で割れ $1 < (a^k - 1, n)$ となる. 運よく $1 < (a^k - 1, n) < n$ ならば, n の因子が見付かることになる. もし $(a^k - 1, n) = n$ ならば, 他の a を用いれば分解されるであろう. この方法を $p-1$ 法という. k が大きくても $a^2, a^4, a^8, \ldots$ と計算し, n より大きくなれば n で割った余りに置き換え, たとえば
$$a^{100} = a^{64} \cdot a^{32} \cdot a^4$$
のように組み合わせれば a^k は $\log k$ に比例した時間で計算できる. 最大公約数はユークリッドの互除法で能率よく求まるので問題はない.

§28. 原 始 根

$p = 7$ のとき, $2^3 = 8 \equiv 1 \pmod{7}$ となる. しかし

$$3^2 = 9 \equiv 2 \qquad \qquad 3^5 \equiv 3^4 \cdot 3 \equiv 4 \cdot 3 \equiv 5$$
$$3^3 \equiv 2 \cdot 3 = 6 \equiv -1 \qquad 3^6 \equiv 5 \cdot 3 \equiv 1$$
$$3^4 \equiv 3^3 \cdot 3 \equiv -3 \equiv 4$$

となり, 3 は $p-1$ 乗しなければ 1 と合同にならない. もちろんフェルマーの小定理より $(a, p) = 1$ ならば $a^{p-1} \equiv 1 \pmod{p}$ となるけれど, 位数が

$p-1$ の真の約数になることも多いわけである．a の位数が $p-1$ のとき，a を mod p の**原始根**という．3 は mod 7 の原始根である．$p=17$ のとき，

$$2^2 = 4, \quad 2^4 = 16 \equiv -1, \quad 2^8 \equiv 1 \pmod{17}$$

より 2 は mod 17 の原始根ではない．

$$3^2 = 9, \quad 3^4 = 81 \equiv -4, \quad 3^8 \equiv (-4)^2 \equiv -1 \pmod{17}$$

より 3 は mod 17 の原始根である．3 の位数は 16 の約数であるし，位数が 16 でなければ 8 の約数になるからである．

$$\begin{array}{ll} 3^0 = 1 & 3^5 \equiv 39 \equiv 5 \\ 3^1 = 3 & 3^6 \equiv 15 \\ 3^2 = 9 & 3^7 \equiv 45 \equiv 11 \\ 3^3 = 27 \equiv 10 & 3^8 \equiv 33 \equiv -1 \\ 3^4 \equiv 30 \equiv 13 & \end{array}$$

となり，$3^{8+i} = 3^8 \cdot 3^i \equiv -3^i$ よりあとはすぐ計算できる．まとめると

i	0	1	2	3	4	5	6	7
3^i	1	3	9	10	13	5	15	11
i	8	9	10	11	12	13	14	15
3^i	16	14	8	7	4	12	2	6

となる．下の段には 1 より 16 まですべて現れる．なぜだろうか．$0 \leq i < j \leq 15$ のとき $3^i \equiv 3^j$ ならば $3^j - 3^i = 3^i(3^{j-i} - 1)$ が p で割れ，$1 \leq j-i \leq p-2$ と 3 が原始根であることより $3^{j-i} - 1$ が p で割れないので矛盾である．つまり $0 \leq i \leq 15$ の 16 個の i に対して，3^i を含む類は異なる．3^i を含む類は 0 を含まないので多くて 16 個しかないので，すべて現れるわけである．この表より

$$13 \times 14 \equiv 3^4 \times 3^9 = 3^{13} \equiv 12 \pmod{17}$$

とすぐ計算できる．

§28. 原　始　根

問 28.1. $p = 23$ の原始根を求めよ．

ところで原始根はいかなる素数に対してもあるのであろうか．$\bmod p$ で a の位数が m, b の位数が n, $(m, n) = 1$, のとき ab の位数は mn となる．なぜなら

$$(ab)^{mn} = (a^m)^n \cdot (b^n)^m \equiv 1$$

となり ab の位数 e は mn の約数となる．また

$$1 \equiv (ab)^{em} = (a^m)^e \cdot b^{em} \equiv b^{em}$$

より em は b の位数 n で割り切れる．m と n が互いに素なので e が n で割れる．同様に e は m でも割れ，$(m, n) = 1$ より e は mn で割れ，よって $e = mn$ となるわけである．$(m, n) \neq 1$ のときでも

$$m = p_1^{e_1} p_2^{e_2} \cdots p_r^{e_r}, \quad n = p_1^{f_1} p_2^{f_2} \cdots p_r^{f_r} \quad (0 \leq e_i, f_i)$$

とする．$e_1 \geq f_1$ のとき，a を $m/p_1^{e_1}$ 乗すれば，その位数は $p_1^{e_1}$ となる．他の素数に対しても同様なので，r 個掛け合わせれば位数が m と n の最小公倍数となる元が得られる．このように位数をだんだん大きくしていくと，最後には位数が $p-1$ の元までたどりつく．その理由は次のようになる．

$$f(x) = x^n + a_1 x^{n-1} + \cdots + a_n, \quad a_i \in \mathbf{Z}$$

に対して $x = x_1$ が $\bmod p$ での根であるとする．つまり $f(x_1) \equiv 0 \pmod{p}$ とする．$f(x)$ を $x - x_1$ で割れば $f(x) = (x - x_1)g(x) + r$ となるが，$x = x_1$ とおくと $r \equiv 0$，つまり $f(x) \equiv (x - x_1)g(x)$ となる．x_1 とは $\bmod p$ で異なる x_2 で $f(x_2) \equiv 0$ となれば $0 \equiv f(x_2) \equiv (x_2 - x_1)g(x_2)$ より $(x_1 - x_2)g(x_2)$ が p で割れ，$(x_1 - x_2)$ は p で割れないので $g(x_2) \equiv 0$ となる．よって $g(x) \equiv (x - x_2)h(x)$ となり $f(x) \equiv (x - x_1)(x - x_2)h(x)$ となる．このように続けると，$f(x)$ は最大限 n 個しか $\bmod p$ で異なる根を持てない．なぜならば $x_1, x_2, \ldots, x_n$ が根ならば $f(x) \equiv (x - x_1)(x - x_2) \cdots (x - x_n)$ となり，$x_1, x_2, \ldots, x_n$ 以外の $\bmod p$ で異なる値 x_0 を代入しても $(x_0 - x_1)(x_0 - x_2) \cdots (x_0 - x_n)$ は p で割れないからである．さて a の位数が $e(< p-1)$ と

しよう．$x^e - 1 \equiv 1 \pmod{p}$ の異なる根は e 個以下しかないので，位数が e の約数でない元 b がある．b の位数 n は e の約数ではないので，e と n の最小公倍数は e より真に大きい．よって位数のより大きな元を作っていけば，必ず原始根にたどりつくわけである．

§29. 平 方 剰 余

p を 2 でない素数とする．このようなとき，p は奇数なので**奇素数** と呼ぶ．よって $p-1$ は偶数となる．ある x を平方して p で割った余りを a とすると

$$x^2 \equiv a \pmod{p}$$

となる．このような a を**平方剰余**という．平方して p で割った剰余，という意味である．$0 \leq a < p$ でなくても $x^2 \equiv a \pmod{p}$ に解があれば，a を平方剰余という．すべての数が平方剰余であるわけではない．たとえば $p = 5$ のとき

$$0^2 = 0, \quad 1^2 = 1, \quad 2^2 = 4, \quad 3^2 = 9 \equiv 4, \quad 4^2 = 16 \equiv 1 \pmod{5}$$

より平方剰余は mod 5 で考えれば 0, 1, 4 の 3 つである．$b \equiv a, a \equiv x^2$ ならば $b \equiv x^2$ となるので平方剰余とは mod p で分類した類の性質である．

さて r を mod p の原始根とすると，$r^0, r^1, \cdots, r^{p-2}$ は mod p で考えれば $1, 2, \ldots, p-1$ すべてを表す．よって p で割れない a に対して $a \equiv r^m$ となる m は存在する．また $r^m \equiv r^n$ ならば $r^{m-n} \equiv 1$ なので $m-n$ は $p-1$ の倍数である．つまり m は mod $(p-1)$ で定まる．特に $p-1$ が偶数なので m が偶数か奇数かは定まる．m が偶数ならば，$m = 2n$ とおけば，$a \equiv r^{2n} = (r^n)^2$ となり a は平方剰余である．逆に a が平方剰余ならば，$a \equiv x^2$ としたとき，x も r の冪 (べき) なので $x \equiv r^n$ とすれば $a \equiv r^{2n}$ となる．まとめると，a が平方剰余か否かは a を原始根で $a \equiv r^m$ と表したとき，m が偶数か否かで定まる．つまり $(p-1)/2$ 個の a に対しては平方剰余ではなく，0 を加えて，$(p+1)/2$ 個が平方剰余となる．平方剰余でないとき，**平方非剰余**という．

さて p で割れない a に対して

$$\left(\frac{a}{p}\right) = \begin{cases} 1 & a = \text{平方剰余} \\ -1 & a = \text{平方非剰余} \end{cases}$$

と定める. この $\left(\dfrac{a}{p}\right)$ を**平方剰余記号**という. $a \equiv r^m$ と表すと $a^{(p-1)/2} \equiv r^{m \cdot (p-1)/2}$ となり, $\left(\dfrac{a}{p}\right) = 1$ ならば m が偶数となり, $\equiv (r^{p-1})^{m/2} \equiv 1$ となる. 逆に $a^{(p-1)/2} \equiv 1$ ならば, r が原始根なので, $m(p-1)/2$ が $p-1$ で割れる. つまり m が偶数となり, $\left(\dfrac{a}{p}\right) = 1$ となる. $(a^{(p-1)/2})^2 = a^{p-1} \equiv 1$ なので $(a^{(p-1)/2} - 1)(a^{(p-1)/2} + 1) \equiv 0$ となり $a^{(p-1)/2} \equiv 1$ または -1 である. よって a が平方非剰余ならば, $a^{(p-1)/2} \equiv -1$ となる. まとめると

$$\left(\dfrac{a}{p}\right) \equiv a^{(p-1)/2} \pmod{p}$$

となる. これを**オイラー規準**という. このオイラー規準を使うと

$$\left(\dfrac{ab}{p}\right) \equiv (ab)^{(p-1)/2} = a^{(p-1)/2} \cdot b^{(p-1)/2} \equiv \left(\dfrac{a}{p}\right)\left(\dfrac{b}{p}\right)$$

となり

$$\left(\dfrac{ab}{p}\right) \equiv \left(\dfrac{a}{p}\right)\left(\dfrac{b}{p}\right) \pmod{p}$$

となる. しかし, 両辺ともに 1 または -1 であり, p は 2 ではないので

$$\left(\dfrac{ab}{p}\right) = \left(\dfrac{a}{p}\right)\left(\dfrac{b}{p}\right)$$

が得られた. $a = -1$ のときもオイラー規準より

$$\left(\dfrac{-1}{p}\right) \equiv (-1)^{(p-1)/2} = \begin{cases} 1 & p \equiv 1 \pmod{4} \\ -1 & p \equiv 3 \pmod{4} \end{cases}$$

となるが, 同じ理由で合同式は等式となる. つまり

$$\left(\dfrac{-1}{p}\right) = \begin{cases} 1 & p \equiv 1 \pmod{4} \\ -1 & p \equiv -1 \pmod{4} \end{cases}$$

となる. このほか

$$\left(\dfrac{2}{p}\right) = \begin{cases} 1 & p \equiv 1 \pmod{8} \text{ または } p \equiv 7 \pmod{8} \\ -1 & p \equiv 3 \pmod{8} \text{ または } p \equiv 5 \pmod{8} \end{cases}$$

という式と q も奇素数 (つまり 2 でない奇数の素数) とすると

$$\left(\frac{q}{p}\right) = \begin{cases} \left(\dfrac{p}{q}\right) & p \equiv 1 \pmod 4 \quad \text{または} \quad q \equiv 1 \pmod 4 \\ -\left(\dfrac{p}{q}\right) & p \equiv q \equiv 3 \pmod 4 \end{cases}$$

という平方剰余の相互法則が成り立つ．この 2 つの式の証明は少し長くなるので付録へまわすことにしよう．これらを使うと a が平方剰余か否か能率よく計算できる．たとえば $30 = 2 \cdot 3 \cdot 5$ なので

$$\left(\frac{30}{97}\right) = \left(\frac{2}{97}\right)\left(\frac{3}{97}\right)\left(\frac{5}{97}\right)$$

$97 = 8 \times 12 + 1$ なので $\left(\dfrac{2}{97}\right) = 1$ となり，$97 \equiv 1 \pmod 4$ より

$$= 1 \cdot \left(\frac{97}{3}\right)\left(\frac{97}{5}\right)$$

$97 \equiv 1 \pmod 3,\ 97 \equiv 2 \pmod 5$ より

$$= \left(\frac{1}{3}\right)\left(\frac{2}{5}\right)$$

$1 = 1^2$ は平方剰余だから $\left(\dfrac{1}{3}\right) = 1$ となり，$5 \equiv 5 \pmod 8$ より $\left(\dfrac{2}{5}\right) = -1$ となるので

$$\left(\frac{30}{97}\right) = -1$$

つまり 30 は mod 97 の平方剰余でない．

問 29.1. 30 は mod 83 で平方剰余か．もし平方剰余ならば，$x^2 \equiv 30 \pmod{83}$ となる x をオイラー規準を利用して求めよ．

§30. フェルマー数

$$F_n = 2^{2^n} + 1 \quad (n = 0,\ 1,\ 2, \ldots)$$

とおく．このような数をフェルマー数という．

$$F_0 = 2^{2^0} = 2 + 1 = 3$$
$$F_1 = 2^2 + 1 = 5$$
$$F_2 = 2^4 + 1 = 17$$
$$F_3 = 2^8 + 1 = 257$$
$$F_4 = 2^{16} + 1 = 65537$$

であり，これらは素数であるが

$$F_5 = 2^{32} + 1 = 641 \times 6700417$$

であることを，オイラー (1732) は次のように見付けた．

F_n を割る素数 p は $F_n = 2^{2^n} + 1$ より $p=$ 奇数で $2^{2^n} \equiv -1 \pmod{p}$ となる．よって両辺を2乗して $2^{2^{n+1}} \equiv 1 \pmod{p}$ となり，mod p での2の位数 e は 2^{n+1} の約数になる．もし $e < 2^{n+1}$ ならば，$e = 2^m$, $m \leq n$ となり，

$$2^{2^n} = (2^e)^{2^{n-m}} \equiv 1^{2^{n-m}} = 1 \pmod{p}$$

となるので $1 \equiv -1$ となり，$p=$ 奇数であることに反する．よって2の位数は 2^{n+1} となる．位数は $\varphi(p) = p - 1$ の約数なので $p \equiv 1 \pmod{2^{n+1}}$ となる．つまり p は $p = 1 + 2^{n+1} \cdot k$ という形をしている．$n = 5$ のとき，$p = 1 + 64k$ という形となり，このような形の素数は

$$193 = 1 + 64 \times 3$$
$$257 = 1 + 64 \times 4$$
$$449 = 1 + 64 \times 7$$
$$577 = 1 + 64 \times 9$$
$$641 = 1 + 64 \times 10$$
$$\vdots$$

となり，割り算を5回実行して分解したわけである．

$$F_6 = 274177 \times 67280421310721$$

と分解したのはランドリー (1880) である．$n \geq 2$ ならば $p = 1 + 2^{n+1}k \equiv 1$

$\pmod{8}$ なので, $(2/p) = 1$ となり, $2 \equiv x^2 \pmod{p}$ には解がある. $-1 \equiv 2^{2^n} \equiv x^{2^{n+1}} \pmod{p}$ より x の $\mathrm{mod}\, p$ での位数は 2^{n+2} となり, $p = 1 + 2^{n+2}k$ となる. もし, このことをオイラーが利用したならば, 2 回割り算を実行して F_5 の約数 641 を見付けたであろう. それにしても $274177 = 1 + 2^8 \cdot 1071$ であるからランドリーは多量の計算をして約数を見付けたわけである.

F_n の素因子が見付からなくても F_n が素数か否かは能率よく判定される. $n \geq 1$ ならば $F_n = $ 素数 である必要十分条件は $3^{(F_n-1)/2} \equiv -1 \pmod{F_n}$ であることが, 次のように示せる (**ペパンの判定法**).

$F_n=$素数 としよう. 3 が $\mathrm{mod}\, F_n$ の平方剰余か否か調べたい.

$$F_n = 2^{2^n} + 1 \equiv 1 \pmod{4}$$
$$F_n = 2^{2^n} + 1 \equiv (-1)^{2^n} + 1 = 2 \pmod{3}$$

であることを利用すると, 相互法則より

$$\left(\frac{3}{F_n}\right) = \left(\frac{F_n}{3}\right) = \left(\frac{2}{3}\right) = -1$$

となる. よってオイラーの規準を使うと

$$-1 = \left(\frac{3}{F_n}\right) \equiv 3^{(F_n-1)/2} \pmod{F_n}$$

より F_n が素数であるための必要条件が得られた. 逆を示そう.

$$3^{(F_n-1)/2} \equiv -1 \pmod{F_n}$$

より 2 乗して

$$3^{F_n-1} \equiv 1 \pmod{F_n}$$

となる. $F_n - 1 = 2^{2^n}$ であるから $\mathrm{mod}\, F_n$ での 3 の位数は $F_n - 1$ となる. 位数は $\varphi(F_n)$ の約数であり, よって $F_n - 1 \leq \varphi(F_n)$ であるが, $1, 2, \ldots, F_n$ の中で F_n と互いに素な数は, 多くて $1, 2, \ldots, F_n - 1$ であるから $\varphi(F_n) \leq F_n - 1$ となる. よって $\varphi(F_n) = F_n - 1$ となり, $1, 2, \ldots, F_n - 1$ がすべて F_n と互

いに素であることを示している．つまり F_n は素数である．

この判定法を使うとき $(F_n - 1)/2 = 2^{2^n - 1}$ は大きな数ではあるけれど，$3, 3^2, 3^4, 3^8, \ldots$ と計算していけば $2^n - 1$ 回で $3^{(F_n-1)/2}$ が得られる．途中で F_n より大きくなれば，F_n で割った余りに置き換えればよいけれどコンピュータの中では2進法で計算が進んでいるので

$$A \cdot 2^{2^n} + B = A(2^{2^n} + 1) + B - A \equiv B - A \pmod{F_n}$$

となり，実質的に F_n で割ることは引き算を1回行えばよくなる．よって能率よく計算が進み，現在 $5 \leq n \leq 24$ ならば $F_n = $ 合成数 であることがわかっている．F_{24} は505万446桁もあり，約数は1つも見付かっていない．約数を強引に探す，という方法で合成数と判定された大きなフェルマー数は F_{303088} であろう．$F_{25}, F_{26}, \ldots, F_{30}$ も約数が見付かっているので，現在，素数か否かわかっていない最小のフェルマー数は F_{31} である．$7 \leq n \leq 11$ ならば F_n はコンピュータを使い完全に素因子分解されている．F_7 は1970年連分数法で，F_8 は1980年モンテカルロ法で，F_{11} は1988年楕円曲線法で，F_9 は1990年数体ふるい法で，F_{10} も1995年数体ふるい法で分解された．

§31. メルセンヌ数

素数 p に対して $M_p = 2^p - 1$ をメルセンヌ数という．

$$M_2 = 2^2 - 1 = 3$$
$$M_3 = 2^3 - 1 = 7$$
$$M_5 = 2^5 - 1 = 31$$
$$M_7 = 2^7 - 1 = 127$$

は素数であるが

$$M_{11} = 2^{11} - 1 = 2047 = 23 \times 89$$

となり素数ではない．M_p が素数のとき**メルセンヌ素数**という．メルセンヌ素数は完全数と関係がある．n が**完全数**とは n の (n 以外の) すべての約数の和が n になるときである．たとえば

$$6 = 1+2+3, \quad 28 = 1+2+4+7+14$$

などである．$q = 2^p - 1$ が素数のとき，$n = 2^{p-1}q$ は完全数である．なぜならば，n の約数は

$$1, 2, 2^2, \ldots, 2^{p-1}, \ q, \ 2q, \ 2^2 q, \ldots, 2^{p-1}q$$

であるが最後を除いて加えると

$$\begin{aligned}
& 1 + 2 + 2^2 + \cdots + 2^{p-1} + q + 2q + 2^2 q + \cdots + 2^{p-2}q \\
=& (1 + 2 + \cdots + 2^{p-1}) + q(1 + 2 + \cdots + 2^{p-2}) \\
=& (2^p - 1) + q(2^{p-1} - 1) \\
=& q + q(2^{p-1} - 1) = 2^{p-1}q
\end{aligned}$$

となるからである．逆に偶数の完全数はすべてメルセンヌ素数から上記のように作られることが知られている．

M_p が素数か否かを判定する能率よい方法がある．

$$\begin{aligned}
S_1 &= 4 \\
S_2 &= S_1^2 - 2 \\
S_3 &= S_2^2 - 2 \\
&\vdots
\end{aligned}$$

と次々に S_i を計算していくと，$M_p =$ 素数 である必要十分条件は $S_{p-1} \equiv 0 \pmod{M_p}$ というものである (**ルカステスト**)．計算途中で S_i が M_p より大きくなったならば M_p で割った余りに置き換えてよいが，

$$A \cdot 2^p + B = A(2^p - 1) + A + B \equiv A + B \pmod{M_p}$$

より，割り算は足し算を1回行えばよい．このような方法で現在38個のメルセンヌ素数が見付かっている．最大のものは

$$2^{6972593} - 1 = 209\,万\,8960\,桁$$

である (1999). よって 38 個の偶数の完全数は見付かったことになるが, 奇数の完全数はまだ 1 つも見付かっていない. 2^{300} 以下には奇数の完全数がないことは調べられている.

§32. アドレマン・ルメリー法

ある自然数 n が素数か否か判定したいとき, フェルマーテストは非常に有効である. つまり $(a,n) = 1$ なる a を用いて $a^{n-1} \not\equiv 1 \pmod{n}$ ならば $n \neq$ 素数 である. しかし多くの a に対して $a^{n-1} \equiv 1$ となったとしても, $n =$ 素数 と断定できない. 1980 年, アドレマンとルメリーは決定的な素数判定法を発表した. 大まかなすじ道だけを紹介することにしよう.

$$t = 2 \cdot 3 \cdot 5 \cdot 7 \cdot 11 \cdot 13 \cdot 17 \approx 500000$$

としよう. $q-1$ が t の約数となる素数 q はたくさんある. しかし $q \leq t+1$ であるから有限個しかなく, その積を s とすると

$$s = \prod q \approx 2.55 \times 10^{83}$$

となる. この大きな s に対して

$$s < n < s^2 \approx 6.50 \times 10^{166}$$

とする. n が素数か否か判定したい. s の素因子 q に対して, $q-1$ の素因子 p は 2 より 17 までの素数であるから, p と q の組み合わせは有限個定まる. この p と q の組み合わせに対して**ガウスの和**と呼ばれる数を定め, そのガウスの和に対してフェルマーテストを実行する. もし n が合成数ならば, 多くの場合, このどれかのフェルマーテストで合成数とわかる. もしすべての p と q の組み合わせに対するフェルマーテストを通過したならば, それでも n が合成数ならば, n の約数は特別な形をしていることが証明できる. その特別の形とは

$$r_i \equiv n^i \pmod{s}, \quad 0 < r_i < s, \quad 0 < i < t$$

となる r_i である. つまり n^i を s で割った余りである. i は 1 より $t-1 \approx 500000$ まで動かすけれど, これらすべての r_i で n が割れなければ, $n =$ 素数 と判

定される．これを**アドレマン・ルメリー法**という．さらにレンストラが改良し，300桁ほどでもパソコンで素数か否か判定できるようになった．

§33. 2次ふるい法

ある自然数 n が合成数と判定されたとしても，真の約数がわからないことが多い．もし $a^2 \equiv b^2 \pmod{n}$ となる a と b が見付かったならば，n は $a^2 - b^2 = (a-b)(a+b)$ の約数なので，n のある素因子は $a-b$ の約数となり，他の n の素因子は $a+b$ の約数となる可能性が大きい．このとき $1 < (n, a-b) < n$ となり，ユークリッドの互除法を用いて n の約数が見付かる．このような a と b を見付けるために，たとえば

$$x_i = [\sqrt{n}] + i, \quad -10^8 < i < 10^8$$

とおく．$[\sqrt{n}]$ は $\sqrt{n}$ の整数部分である．x_i は $\sqrt{n}$ に近いので，x_i^2 は n に近い．つまり $x_i^2 - n$ は小さいので，あらかじめ定められた小さな素数 $p_1, p_2, \ldots, p_{1000}$ のみを素因子に持つことが多い．よってそのような x_i を 1002 個集める．

$$x_i^2 - n = (-1)^{e_0} p_1^{e_1} p_2^{e_2} \cdots p_{1000}^{e_{1000}}$$

となるので x_i に対して，1001次元ベクトル $(e_0, e_1, \ldots, e_{1000})$ を対応させれば，そのような1002個のベクトルは1次独立ではない．偶数か奇数かだけが大切なので，このベクトルを偶数を0とし，奇数を1と思い，掃き出し法で基本変形すると，x_i を上手に選び掛け合わせると平方数となる．つまり $\prod'(x_i^2 - n) = a^2$ となる．$\prod'$ は上手に積を作ることを意味する．このとき，

$$a^2 = \prod{}'(x_i^2 - n) \equiv \prod{}' x_i^2 = \left(\prod{}' x_i\right)^2 \pmod{n}$$

となるので $b = \prod' x_i$ とおけば $1 < (n, a-b) < n$ となる可能性が高い．さて $p_1, p_2, \ldots, p_{1000}$ の選び方であるが，$x_i^2 - n$ の素因子として現れるものを選ぶ．つまり n が $\bmod p$ で平方剰余となる p を選ぶ．$(n/p) = 1$ となる素数 p を小さい順に $p_1, p_2, \ldots, p_{1000}$ とすればよいわけである．次に $x_i^2 - n$ が $p_1, p_2, \ldots, p_{1000}$ しか素因子に持たない x_i の探し方であるが，割り算を実行していたのでは時間がかかり過ぎる．p_j に対して $x^2 \equiv n \pmod{p_j}$ となる

x は mod p_j で 2 つあるけれど，このような x を求めることはやさしい．この x に対して $x_i = [\sqrt{n}] + i \equiv x \pmod{p_j}$ となる x_i は p_j 番目ごとにあり，$x_i^2 - n \equiv x^2 - n \equiv 0 \pmod{p_j}$ となる．つまり $x_i^2 - n \equiv 0 \pmod{p_j}$ となる i が p_j 番目ごとに定まり，能率よく探せるわけである．このように割り算を実行しなくても，x_i が p_j 番目ごとに「ふるい分け」できるので，**2次ふるい法**と呼ばれる．ここでは $f(x) = x^2 - n$ という 2 次式を利用しているけれど，$f(x) = ax^2 + bx + c$ ($b^2 - 4ac = n$ の倍数) という 2 次式を利用することもできる．このような 2 次式はたくさんあるので，組み合わせて使うとより能率がよくなる．この方法は**複数多項式2次ふるい法**と呼ばれる．フェルマー数 F_9 は

$$8 \times F_9 = 8(2^{512} + 1) = 2^{515} + 8 = (2^{103})^5 + 8$$

なので，$f(x) = x^5 + 8$ とし，$f(x) = 0$ の根 θ の性質を利用して 1990 年ポラードにより F_9 は分解された．この方法を**特殊数体ふるい法**という．$n = (12^{167} + 1)/13$ は 180 桁の数だけれど，特殊数体ふるい法で 75 桁と 105 桁の素因子の積に何年か前に分解された．n の形が特殊なので，分解できた．一般には，このように大きな数は，まだ分解できない．

§34. 楕円曲線法

楕円曲線とは楕円ではないけれど，楕円の弧の長さに関係ある曲線として生まれてきた．**楕円曲線**とは

$$y^2 = x^3 + ax + b$$

という形をした曲線である．たとえば

$$y^2 = x^3 - 21x - 20 = (x+5)(x-1)(x-4)$$

は，図 46 のような形になる．その曲線の 2 点 $P(x_1, y_1)$ と $Q(x_2, y_2)$ を通る直線 ℓ は

$$y - y_1 = \frac{y_2 - y_1}{x_2 - x_1}(x - x_1)$$

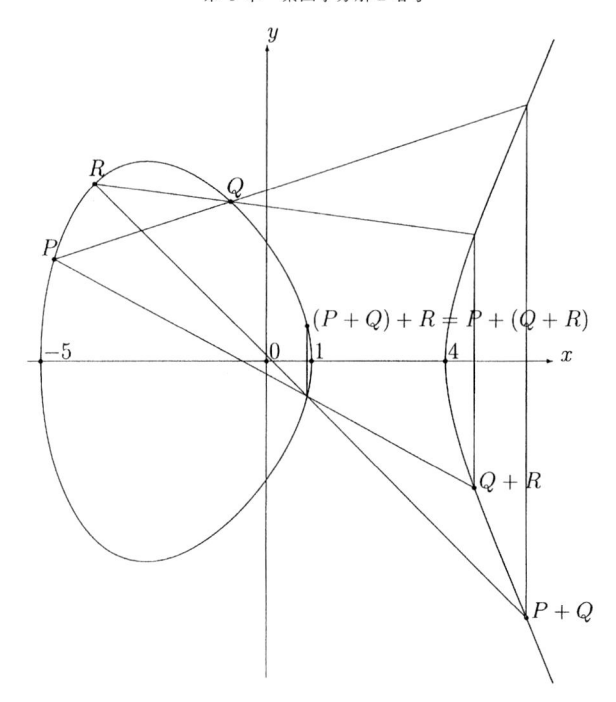

図 46　$y^2 = (x+5)(x-1)(x-4)$

となるので，ℓ と曲線とのもう 1 つの交点 (x_3, y_3) は容易に計算できる．傾きを $\alpha = (y_2 - y_1)/(x_2 - x_1)$ とおき，$\beta = y_1 - \alpha x_1$ とおけば直線 ℓ は $y = \alpha x + \beta$ となる．この式を $y^2 = x^3 + ax + b$ に代入すると

$$(\alpha x + \beta)^2 = x^3 + ax + b$$

$$\therefore x^3 - \alpha^2 x^2 + (a - 2\alpha\beta)x + (b - \beta^2) = 0$$

この 3 つの根が x_1, x_2, x_3 なので，根と係数の関係より $x_1 + x_2 + x_3 = \alpha^2$ つまり

$$x_3 = \alpha^2 - x_1 - x_2$$

$$y_3 = \alpha x_3 + \beta$$

と四則算法で求まる．ここで点 P と Q の和を図 46 のように $(x_3, -y_3)$ と定義する．つまり

§34. 楕円曲線法

$$P + Q = (\alpha^2 - x_1 - x_2, \ -\alpha x_3 - \beta)$$

と定める．この $P+Q$ はベクトル和ではない特殊なものである．特殊ではあるが曲線上の 3 点 P, Q, R に対して図 46 のように

$$(P+Q)+R = P+(Q+R)$$

という驚くべき性質がある．x 軸に対して P の対称点を $-P$ とおき無限に遠い上の方にある空想上の点を P_∞ とおく．（無限に下の方へ進んでも P_∞ に到達する．）すると，普通の数の足し算，引き算と同じように曲線上の点の足し算，引き算が自由に行えるようになる．数の 0 に対応する点が P_∞ であり，数の $-a$ に対応する点が $-P$ となる．$P+P$ は P と Q が近付いた極限の足し算と思えばよい．つまり点 P で曲線上に接線を引けばよい．接線の傾きは，$y^2 = x^3 + ax + b$ を x で微分して

$$2yy' = 3x^2 + a \qquad \therefore y' = (3x^2+a)/(2y)$$

として，やはり四則演算で傾きが得られる．

さて大きな自然数 n の素因子 p を求めたいとき，すべてを $\bmod p$ で考える．p はわからないので実際の計算は $\bmod n$ で行う．x も y も $\bmod p$ で考えれば，(x, y) が曲線上にある，ということは

$$y^2 \equiv x^3 + ax + b \pmod{p}$$

のことである．x を 0 から $p-1$ まで動かしたとき $x^3 + ax + b$ が $\bmod p$ で平方剰余になるか否かは約 1/2 の確率である．平方剰余のとき，$y, -y$ という 2 つの可能性があるので，平均すれば約 p 個の点が $\bmod p$ で考えた曲線上にある．少し誤差があるので，m 個の点が曲線上にあるとしよう．曲線上の 1 つの点を P とし，$2P, 3P, \ldots, (m+1)P$ と作っていこう．これはすべて曲線上にあるので，$m+1$ 個の点の中には，ダブっている点もある．$rP = sP$ とすれば，両辺より rP を引き $(s-r)P = 0$ となる．$k \cdot P = 0$ となる最小の自然数 k を P の**位数**という．0 は理想的に作った無限に遠い点である．点の足し算は具体的には数の四則算法を $\bmod n$ で行うものである．分母，分子を別々

に計算していき，$kP = 0$ となるのは，y 座標の分母が 0，つまり p の倍数となるときである．よって $1 < (n, 分母) < n$ となる可能性が大であろう．このようにして n を分解する方法を**楕円曲線法**という．

具体的には次のようになる．まず整数 x, y, a を定め $b = y^2 - x^3 - ax$ とおく．よって点 $P(x, y)$ が曲線 $y^2 = x^3 + ax + b$ の上にある．$p-1$ 法のときのように k を非常に大きい数とし kP を $\bmod n$ で分母，分子別々に計算していく．k を多くの素因子を持つ数にしておけば，P の位数は k の約数となるであろう．このとき $1 < (n, 分母) < n$ となる可能性が大きいわけである．kP の計算はもちろん $2P, 4P, 8P, \ldots$ と計算していけば，$\log k$ に比例した時間でできる．

§35. 暗　　号

ある文章を安全に送るには暗号化する．たとえばアルファベットのように 100 種類以下の文字を使って文章が作られている場合，1 つの文字に 2 桁の数を対応させる．すると 100 文字以下で書かれた文章は 200 桁以内の数 x が対応する．x より元の文章を得るには 2 桁ずつに区切ればよいので，文字と数の対応表さえわかれば復元できる．対応表を秘密にしたとしても，現代の技術ではすぐ解読されてしまう．そこで x に細工して別の数 y を作り y を送ることにする．y より x を得るには秘密の鍵を使う．秘密の鍵さえ隠しておけば，対応表，x より y を作る方法，さらに y そのものを公開しても安全であろう，という考えに基づく暗号方式が**公開鍵暗号**である．x より y を作る暗号化の鍵を公開するからである．

具体的に話を進めよう．文章を受け取る人 A は p と q という 100 桁以上の素数を用意して $n = pq$ とする．r を $(p-1)(q-1)$ と互いに素な数とする．さて A は n と r を公開する．文章 x を送る人 B は x より

$$y \equiv x^r \pmod{n}$$

として定まる y を暗号化とする．y を送るわけであるけれど，受け取った人 A は

$$r \cdot s \equiv 1 \pmod{(p-1)(q-1)}$$

なる s をあらかじめ計算しておく．この s だけは B にも誰にも教えないことにしておく．オイラーの定理より $(x, n) = 1$ ならば

$$x^{\varphi(n)} \equiv 1 \pmod{n}$$

となる．$n = pq$ の場合は $\varphi(n) = (p-1)(q-1)$ なので

$$rs = 1 + k(p-1)(q-1)$$

となる k があることを使えば

$$\begin{aligned} y^s &\equiv (x^r)^s \\ &= x^{1+k(p-1)(q-1)} \\ &= x \cdot (x^{(p-1)(q-1)})^k \\ &\equiv x \cdot 1^k = x \pmod{n} \end{aligned}$$

となり x が復元できる．

問 35.1. $(x, n) \neq 1$ の場合でも $\mod n$ で y^s を計算すれば x に戻ることを示せ．

アドレマン・ルメリー法など，よい素数判定法があるので 100 桁以上の素数 p や q はたくさん作れる．よって n と r の組が作れて公開する．n は 200 桁以上あるので n より p や q を得ることは不可能に近い．よって s の値もわからないので，安全である．ただし，たとえば $p-1$ が小さな素数の積となると，$p-1$ 法により n より p が見付かってしまう．よって，現在，知られているあらゆる素因子分解法を用いても n が分解されないような p と q を選ぶ必要がある．

偽の情報を送る人もいるので署名が大切である．本人にしか書けない署名も公開鍵暗号を使うとできる．A へ文章を送るときの公開鍵 n と r を n_A と r_A としよう．また解読鍵 s を s_A としよう．同様に B へ送るときの公開鍵と解読鍵を n_B, r_B, s_B とする．A へ文章 x を送るときに署名 v を暗号化して

$$w \equiv v^{s_B} \pmod{n_B}$$

とし，w も送る．s_B は非公開なので，この署名は B にしかできない．w を受

け取った A は，B の署名か否かを B の公開鍵を利用して

$$v \equiv w^{r_B} \pmod{n_B}$$

として v を知ることができる．

$$A \longleftarrow B$$
$$x \equiv y^{s_A} \pmod{n_A} \longleftarrow y \equiv x^{r_A} \pmod{n_A} \text{ 文章}$$
$$v \equiv w^{r_B} \pmod{n_B} \longleftarrow w \equiv v^{s_B} \pmod{n_B} \text{ 署名}$$

素因子分解が難しいことを利用する以外の暗号系として次のようなものもある．大きな素数 p と自然数 r を固定する．文章 x に対して

$$y \equiv r^x \pmod{p}$$

となる y を送る．p と r および暗号化された y より x を得ることは非常に困難である．y より x を得る問題を**離散対数問題**という．y より x を得ることは，暗号化のための p と r という鍵を作った本人でもできない．よって解読のための非公開の鍵 s を用意する必要がある．また $t \equiv r^s \pmod{p}$ となる t は公開する．A へ文章 x を送るには，ランダムに u を選び

$$k \equiv r^u \pmod{p}, \quad c \equiv t^u \cdot x \pmod{p}$$

という k と c を送る．k より u を得ることは A にもできないけれど，A は秘密の鍵 s を知っているので

$$k^s \equiv r^{us} \equiv t^u \pmod{p}$$

を計算することはできる．よって c より 1 次合同式を解き x を得ることができる．

この離散対数問題を楕円曲線に利用することもできる．曲線上の点 R と素数 p を固定しておく．x に対して R を x 回加えた

$$Y \equiv x \cdot R \pmod{p}$$

となる点 Y を計算することは容易だけれど，Y より x を得ることは一般には困難だからである．

第6章

多項式の素因子分解

整係数の多項式 $f(x)$ が与えられたとき，整係数の範囲で $f(x)$ を素因子分解するにはどうしたらよいだろうか．もし分解できるならば，ある素数 p を法として p の倍数を無視した世界でも分解できる．逆にいえば，係数を $\mod p$ で考えた世界で分解できなければ，$f(x)$ は既約である．よって $\mod p$ での分解が大切になる．まず $\mod p$ で素因子分解する能率的なベルレ・カンプの方法を説明しよう．次にヘンゼルの補題を使い，$\mod p^2, \mod p^3, \ldots$ で分解していくと，やがて本当の分解になることを示そう．

§36. 多項式の素因子分解の一意性

有理数 $\mathbf{Q}$ を係数の持つ多項式全体を $\mathbf{Q}[x]$ と表そう．自然数と同じように $\mathbf{Q}[x] \ni f(x)$ も有理数係数の範囲内でただ1通りに既約多項式の積として表される．その理由はやはりユークリッドの互除法が次のように使えるからである．

$f(x)$ の次数を $\deg f(x)$ と書くことにしよう．2つの多項式 $f(x)$ と $g(x)$ があれば，割り算ができて

$$f(x) = g(x) \cdot q_0(x) + r_1(x), \quad \deg r_1(x) < \deg g(x)$$

とできる．自然数に対するユークリッドの互除法と同じように，$f(x)$ と $g(x)$ の最大公約数 $(f(x), g(x))$ は $(g(x), r_1(x))$ と等しい．よって，同じように割り算を実行すると

$$g(x) = r_1(x) \cdot q_1(x) + r_2(x), \quad \deg r_2(x) < \deg r_1(x)$$
$$r_1(x) = r_2(x) \cdot q_2(x) + r_3(x), \quad \deg r_3(x) < \deg r_2(x)$$
$$\vdots$$
$$r_{n-1}(x) = r_n(x) \cdot q_n(x)$$

となり次数はどんどん小さくなり，よって，いつか割り切れる．このときの $r_n(x)$ が $f(x)$ と $g(x)$ の最大公約数であり，

$$r_n(x) = f(x) \cdot A(x) + g(x) \cdot B(x)$$

となる多項式 $A(x)$, $B(x)$ がある．自然数のときの素数に対応するものが既約多項式である．よって自然数のときと同じ論法により，多項式 $f(x)$ は既約多項式の積にただ 1 通りに表せるわけである．

有理数係数でなくても $\mathbf{F}_p$ 係数の多項式に対しても同じことがいえる．$\mathbf{F}_p$ の元は四則算法ができるので，$\mathbf{F}_p$ 係数の多項式は割り算ができるからである．

さて整係数の多項式を考えよう．整数は有理数でもあるから，このような多項式は有理数の範囲で既約多項式の積に一意的に分解される．ただし既約多項式に 0 でない常数を掛けても，既約多項式には変わりはないので，一意的に表されるといっても，常数を片方に掛け，他方を割る，といったことをしても同じ分解として扱われる．そして面白いことに整係数の多項式をいくつかの有理数係数の多項式として表したとき，適当に常数を調節すると，すべて整係数の多項式に直すことができる．このことはあまり明らかなことではなく証明しなければならない．ガウスは次のように証明した．

$$f(x) = a_n x^n + a_{n-1} x^{n-1} + \cdots + a_1 x + a_0, \quad a_i \in \mathbf{Z}$$

としよう．$a_n, a_{n-1}, \ldots, a_0$ の最大公約数を d とすれば，$f(x) = d \cdot g(x)$ となり $g(x)$ の係数の最大公約数は 1 となる．このような $g(x)$ を **原始多項式** という．ガウスの証明のキーポイントは $g(x)$ と $h(x)$ が原始多項式ならば，その積 $g(x) \cdot h(x)$ も原始多項式だ，ということである．もしこの点を認めるならば，証明は次のように進む．

$$f(x) = g_1(x) \cdot h_1(x)$$

と整係数の多項式を有理数係数の範囲で分解したとしよう．$g_1(x)$ の係数に現れる有理数の分母の最小公倍数を m_1 とすれば $m_1 \cdot g_1(x)$ は整係数となる．次にこの整係数の最大公約数を d_1 とすれば $g(x) = (m_1/d_1)g_1(x)$ は原始多項式になる．$h_1(x)$ も同様にして $h(x) = (m_2/d_2)h_1(x)$ が原始多項式にできる．よって

$$m_1 m_2 \cdot f(x) = d_1 d_2 \cdot g(x) h(x)$$

となる．積 $g(x)h(x)$ が原始多項式であることを認めるならば，右辺の係数の最大公約数は $d_1 d_2$ となる．$f(x)$ の係数の最大公約数を d とすれば，左辺の係数の最大公約数は $m_1 m_2 d$ となる．この 2 つは等しいはずだから $d_1 d_2 = m_1 m_2 d$ となり，

$$f(x) = d \cdot g(x) \cdot h(x)$$

と整係数の範囲で分解されたことになり，証明が終わる．

さて $g(x)$ と $h(x)$ が原始多項式で

$$g(x) = b_m x^m + b_{m-1} x^{m-1} + \cdots + b_0$$
$$h(x) = c_\ell x^\ell + c_{\ell-1} x^{\ell-1} + \cdots + c_0$$

と表わされたとしよう．積 $g(x)h(x)$ が原始多項式でないとすると，積の係数が共通のある素数で割れることになる．よって，どのような素数 p を持ってきても積の係数の中に p で割れない係数があることを示せばよい．$g(x)$ は原始多項式なので，$b_0, b_1, \ldots, b_{s-1}$ は p で割れるが b_s は p で割れない，という s がある．b_0 が p で割れないときは $s = 0$ とする．同様に $c_0, c_1, \ldots, c_{t-1}$ は p で割れるが c_t は p で割れない，という t がある．このとき，積の x^{s+t} の係数は

$$b_s c_t + (b_{s-1} c_{t+1} + b_{s-2} c_{t+2} + \cdots) + (b_{s+1} c_{t-1} + b_{s+2} c_{t-2} + \cdots)$$

となり，はじめの $b_s c_t$ 以外は p で割れる．よって x^{s+t} の係数は p で割れない．つまり積 $g(x)h(x)$ も原始多項式になるわけである．

次に有理数を係数に持つ 2 変数 x と y の多項式全体を $\mathbf{Q}[x,y]$ と表そう。$\mathbf{Q}[x,y] \ni f(x,y)$ は x の多項式と思えば係数は $\mathbf{Q}[y]$ の元である。$\mathbf{Q}[y]$ を拡大して有理数を係数に持つ y の有理式全体を $\mathbf{Q}(y)$ と表そう。そうすれば $\mathbf{Q}(y)$ の元は自由に四則算法が行える。よって $f(x,y)$ を $\mathbf{Q}(y)[x]$ の元と思えば、x の多項式と思いユークリッドの互除法が行える。よって $\mathbf{Q}(y)$ 係数の範囲内で $f(x,y)$ は一意的に素因子分解される。ところで $\mathbf{Z}[x]$ の元 $f(x)$ を $\mathbf{Q}[x]$ の元と思い素因子分解したことを思い出そう。そのとき原始多項式という概念を使い、係数を調節すれば $\mathbf{Z}[x]$ の範囲で素因子分解できた。そのときの論法はすべて同じように使える。よって 2 変数の多項式に対しても素因子分解の一意性が成立する。$\mathbf{F}_p[x,y]$ や $\mathbf{Z}[x,y]$ 内でも同様である。また 3 変数以上になっても同様である。

問 36.1. $\mathbf{Q}[x,y]$, $\mathbf{F}_p[x,y]$, $\mathbf{Z}[x,y]$, $\mathbf{Q}[x,y,z]$ において $\mathbf{Z}[x]$ の場合における素因子や $\mathbf{Z}$, $\mathbf{Q}$ に対応するものは何か。

§37. $\mathbf{F}_p$ 係数の多項式

整係数の多項式 $f(x)$ と素数 p に対して、係数を p の倍数を無視して考えると $\mathbf{F}_p$ 係数の多項式が得られる。このとき 2 つの多項式が等しいとは係数が $\bmod p$ で合同であることを意味する。たとえば $p=2$ のとき

1 次式全体 $= \{x,\ x+1\}$

2 次式全体 $= \{x^2,\ x^2+x,\ x^2+1,\ x^2+x+1\}$

3 次式全体 $= \{x^3,\ x^3+x^2,\ x^3+x,\ x^3+1,\ x^3+x^2+x,\ x^3+x^2+1,$
$\qquad\qquad x^3+x+1,\ x^3+x^2+x+1\}$

となる。この中で分解できないもの、つまり既約なものはどれだろうか。1 次式は 2 つとも既約である。2 次式は $\mathbf{F}_p$ の中では $2=0$ なので $(x+1)^2 = x^2+1$ となることを考えると、x^2+x+1 だけが既約である。3 次式は $x^3+1 = (x+1)(x^2+x+1)$, $x^3+x^2+x+1 = (x+1)(x^2+1)$ なので x^3+x^2+1, x^3+x+1 の 2 つだけが既約である。4 次式は全部 16 個あるが、この中で既約なものは、x^4+x^3+1, x^4+x+1, $x^4+x^3+x^2+x+1$ の 3 つだけである。なぜならば、常数項が 0 なものは x で割れるので可約である。$f(x)$ を $x+1$ で割ると

き $f(x) = (x+1)q(x) + r$ とすると，$1+1=0$ より $f(1) = r$ となる．これを **剰余定理** という．よって $x+1$ で割り切れるとは $f(1) = 0$ つまり項の数が偶数のときである．

問 37.1. $f(x)$ の x に 1 を代入するとはどのようなことか．また剰余定理の証明を正当化するには，どのような注意が必要か．

残りの中で可約なものは 2 次既約多項式の積である $(x^2+x+1)^2 = x^4+x^2+1$ しかあり得ない．よって上記の 3 つだけが既約である．このことから，たとえば整係数の多項式 $f(x) = x^4+3x^3+5x^2+7x+9$ は既約であることがわかる．なぜならば，$f(x) = g(x)h(x)$ と分解したならば，当然 2 の倍数を無視した世界でも分解している．ところが 2 の倍数を無視すれば，$f(x) = x^4+x^3+x^2+x+1$ は既約なので，整係数の世界でも既約なわけである．

問 37.2. $p=2$ のとき，5 次の既約多項式は 6 つあることを示せ．

もう少しはっきりさせよう．整係数の多項式 $f(x)$ が整係数の多項式 $g(x)$ と $h(x)$ の積となるとき，$f(x) = g(x)h(x)$ を mod p で考えるとはどういうことなのだろうか．それは $f(x), g(x), h(x)$ の係数 a_i, b_j, c_k をそれらが含まれている類に置き換えることである．つまり $\mathbf{F}_p$ の元と思うわけである．話をはっきりさせるために a_i の入っている類を $\overline{a_i}$ と書くことにし，$f(x)$ に対して a_i を $\overline{a_i}$ で置き換えた多項式を $\overline{f}(x)$ と書くことにしよう．このとき類同士を加えたり掛けたりすることは，類の代表を 1 つ選び，その数を加えたり掛けたりしてできる数の含まれる類，と定めたことを思い出そう．つまり

$$\overline{a} + \overline{b} = \overline{a+b}, \quad \overline{a} \cdot \overline{b} = \overline{a \cdot b}$$

である．このとき $f(x) = g(x)h(x)$ のとき，$\overline{f}(x) = \overline{g}(x)\overline{h}(x)$ が成り立つ．なぜならば，$f(x) = g(x)h(x)$ とは

$$a_{s+t} = b_s c_t + (b_{s-1}c_{t+1} + \cdots) + (b_{s+1}c_{t-1} + \cdots)$$

を意味する．よって

$$\overline{a_{s+t}} = \overline{b_s c_t + (b_{s-1}c_{t+1} + \cdots) + (b_{s+1}c_{t-1} + \cdots)}$$

$$= \overline{b_s c_t} + (\overline{b_{s-1} c_{t+1}} + \cdots) + (\overline{b_{s+1} c_{t-1}} + \cdots)$$
$$= \overline{b_s}\,\overline{c_t} + (\overline{b_{s-1}}\,\overline{c_{t+1}} + \cdots) + (\overline{b_{s+1}}\,\overline{c_{t-1}} + \cdots)$$

となり，この式は $\overline{f}(x) = \overline{g}(x)\overline{h}(x)$ を意味する．

逆に $\overline{f}(x) = \overline{g}(x)\overline{h}(x)$ としよう．このとき

$$\overline{a_{s+t}} = \overline{b_s}\,\overline{c_t} + (\overline{b_{s-1}}\,\overline{c_{t+1}} + \cdots) + (\overline{b_{s+1}}\,\overline{c_{t-1}} + \cdots)$$

より得られることは，

$$\overline{a_{s+t}} = \overline{b_s c_t + (b_{s-1} c_{t+1} + \cdots) + (b_{s+1} c_{t-1} + \cdots)}$$

であり，これからは

$$a_{s+t} \equiv b_s c_t + (b_{s-1} c_{t+1} + \cdots) + (b_{s+1} c_{t-1} + \cdots) \pmod{p}$$

しか得られない．つまり $f(x) \equiv g(x)h(x) \pmod{p}$ しか得られない．

まとめると，$\mathbf{F}_p$ の係数だと思うときには等式で書き，整係数だと思うときは $\bmod p$ の合同式と思えばよいわけである．つまり $f(x) \equiv g(x)h(x) \pmod{p}$ と $\overline{f}(x) = \overline{g}(x)\overline{h}(x)$ とは同じことである．以後 $\overline{a}$ とか $\overline{f}(x)$ の代わりに a, $f(x)$ と書く．混乱するときは，$\mathbf{F}_p$ の世界で $f(x) = g(x)h(x)$ などと書くことにする．

ところで中国の剰余定理は有理数を係数に持つ多項式で考えても，すべて同じように成り立つ．2つの多項式 $f(x)$ と $g(x)$ の差が他の多項式 $h(x)$ で割り切れるとき，整数の場合と同じように

$$f(x) \equiv g(x) \pmod{h(x)}$$

と書くことにする．自然数の場合と同じように，ユークリッドの互除法が成立し，$(f(x), g(x)) = 1$ ならば $f(x)A(x) + g(x)B(x) = 1$ となる $A(x)$, $B(x)$ が存在するので，中国の剰余定理も成立する．同様に $\mathbf{F}_p$ 係数の多項式に対しても，中国の剰余定理は成立する．ユークリッドの互除法が使えるからである．

§38. 平方因子の消去

整係数の多項式 $f(x)$ を既約なものに分解し，同じ既約多項式はまとめて

§38. 平方因子の消去

$$f(x) = a \cdot p_1(x)^{e_1} p_2(x)^{e_2} \cdots p_r(x)^{e_r}$$

となったとしよう．$p_1(x)$ だけに注目し，$f(x) = p_1(x)^{e_1} g(x)$ と表し，微分すると

$$\begin{aligned} f'(x) &= e_1 p_1(x)^{e_1-1} p_1'(x) g(x) + p_1(x)^{e_1} g'(x) \\ &= p_1(x)^{e_1-1} \{ e_1 p_1'(x) g(x) + p_1(x) g'(x) \} \end{aligned}$$

となる．$p_1'(x)$, $g(x)$ は $p_1(x)$ で割れないので，$f'(x)$ は $p_1(x)^{e_1-1}$ では割れるが $p_1(x)^{e_1}$ では割れない．他の $p_i(x)$ に対しても同じなので $f(x)$ と $f'(x)$ の最大公約数 $(f(x), f'(x))$ は

$$(f(x),\ f'(x)) = p_1(x)^{e_1-1} p_2(x)^{e_2-1} \cdots p_r(x)^{e_r-1}$$

となる．この式で $f(x)$ を割れば

$$\frac{f(x)}{(f(x),\ f'(x))} = a \cdot p_1(x) p_2(x) \cdots p_r(x)$$

となる．つまり平方因子を持たなくなる．$f(x)$ の素因数分解がわからなくてもユークリッドの互除法を用いて $(f(x), f'(x))$ は計算できる．つまり $f(x)$ を素因数分解する前に，まず $f(x)$ のすべての既約因子からなる平方因子を持たない多項式が計算できるわけである．これを**平方因子の消去**という．

$\mathbf{F}_p$ 係数の多項式に対しても同様に平方因子を消去できる．$\mathbf{F}_p$ 係数の微分はどうなるか，と心配する人もいるだろうけれど，

$$f(x) = a_n x^n + a_{n-1} x^{n-1} + \cdots + a_0, \quad a_i \in \mathbf{F}_p$$

のとき，形式的に $f(x)$ の微分を

$$f'(x) = n a_n x^{n-1} + (n-1) a_{n-1} x^{n-2} + \cdots + 2 a_2 x + a_1$$

と定義する．このとき

$$\begin{aligned} (f(x) + g(x))' &= f'(x) + g'(x) \\ (f(x) g(x))' &= f'(x) g(x) + f(x) g'(x) \end{aligned}$$

などが同じように成立する．たとえば積について考えれば，まず $f(x) = ax^n$, $g(x) = bx^m$ のときだけ考えれば，

$$f(x)g(x) = abx^{n+m}$$
$$(f(x)g(x))' = (n+m)abx^{n+m-1}$$
$$f'(x)g(x) + f(x)g'(x) = nax^{n-1} \cdot bx^m + ax^n \cdot mbx^{m-1}$$
$$= (n+m)abx^{n+m-1}$$

であるので成立する．あとは和に対する微分の公式を利用すればよい．

問 38.1. 和に対する微分の公式を証明せよ．

微分の公式はこのようにして適用できるのであるが，$f(x) = p_1(x)^{e_1}g(x)$ のとき，もし e_1 が p の倍数ならば，係数としては $e_1 = 0$ なので

$$f'(x) = e_1 p_1(x)^{e_1-1} p_1'(x) g(x) + p_1(x)^{e_1} g'(x)$$
$$= p_1(x)^{e_1} g'(x)$$

となってしまう．たとえば e_1 と e_2 だけが p の倍数のとき，

$$(f(x), f'(x)) = p_1(x)^{e_1} p_2(x)^{e_2} p_3(x)^{e_3-1} \cdots p_r(x)^{e_r-1}$$

となるので

$$\frac{f(x)}{(f(x), f'(x))} = p_3(x) \cdots p_r(x)$$

となってしまう．このようになったとしても，$p_3(x), \ldots, p_r(x)$ が得られたならば，$f(x)$ をこれら既約因子で割れるだけ割ると $p_1(x)^{e_1} p_2(x)^{e_2}$ が残る．$e_1 = p \cdot e_1'$, $e_2 = p \cdot e_2'$ とおくと，

$$p_1(x)^{e_1} p_2(x)^{e_2} = (p_1(x)^{e_1'} p_2(x)^{e_2'})^p$$

となる．一般に $f(x) = g(x)^p$ のとき，$g(x)^p$ は 2 項係数 $\binom{p}{i}$, $1 \leq i \leq p-1$ が p で割れることと 2 項定理を何度も使えば

$$g(x)^p = (b_n x^n + b_{n-1} x^{n-1} + \cdots + b_0)^p$$

$$= (b_n x^n)^p + (b_{n-1} x^{n-1})^p + \cdots + b_0^p$$

となる．等号で書いているのは $\mathbf{F}_p$ 係数の多項式として等しい，という意味である．フェルマーの小定理を使えば $b_i^p \equiv b_i \pmod{p}$ となる．$\mathbf{F}_p$ の世界では $b_i^p = b_i$ となる．よって

$$g(x)^p = b_n x^{pn} + b_{n-1} x^{p(n-1)} + \cdots + b_0$$

となる．つまり $f(x) = g(x)^p$ のとき，すべての指数が p の倍数となる．また $f(x)$ より $g(x)$ を求めることは指数をすべて p で割ればよいだけである．

以上のことを何度も使えば，$\mathbf{F}_p$ 係数の多項式の素因子分解も，平方因子を持たない多項式が分解できればよいわけである．

§39. ベルレ・カンプの方法

係数が $\mathbf{F}_p$ の元で平方因子を持たない n 次多項式 $f(x)$ を素因子分解するベルレ・カンプ (1967) の方法を説明しよう．$f(x)$ が既約分解して

$$f(x) = p_1(x) p_2(x) \cdots p_r(x)$$

となるとしよう．$p_1(x), p_2(x), \ldots, p_r(x)$ は 2 つずつ互いに素であるから中国の剰余定理より $0 \leq s_i < p$ $(1 \leq i \leq r)$ に対して，というより $s_i \in \mathbf{F}_p$ に対して

$$g(x) \equiv s_1 \pmod{p_1(x)}$$
$$\vdots$$
$$g(x) \equiv s_r \pmod{p_r(x)}$$

を満たす $g(x)$ が $p_1(x) \cdots p_r(x) = f(x)$ を法としてただ 1 つ定まる．よって $\deg g(x) < \deg f(x)$ とすれば，$g(x)$ は確定する．この $g(x)$ を p 乗すると，

$$g(x)^p \equiv s_i^p = s_i \equiv g(x) \pmod{p_i(x)}$$

よって $g(x)^p - g(x)$ は $p_1(x), \ldots, p_r(x)$ で割れるので，2 つずつ互いに素であることを考えれば $g(x)^p - g(x)$ は $f(x)$ で割れる．

逆に $\deg g(x) < n$ が $g(x)^p \equiv g(x) \pmod{f(x)}$ を満たすとしよう．$x^p - x = 0$ はフェルマーの小定理より，$x = 0, 1, 2, \ldots, p-1$ の p 個の解を持つ．よって剰余定理より $x, x-1, x-2, \ldots, x-(p-1)$ で割り切れる．これら 1 次式は 2 つずつ互いに素であるから $\mathbf{F}_p$ を係数に持つ多項式の素因子分解の一意性より積 $x(x-1)(x-2)\cdots(x-p+1)$ で割り切れる．次数を比較すると
$$x^p - x = x(x-1)(x-2)\cdots(x-p+1)$$
が得られた．x に何を代入しても成り立つはずだから
$$g(x)^p - g(x) = g(x)(g(x)-1)(g(x)-2)\cdots(g(x)-p+1)$$
となる．これが $f(x) = p_1(x)p_2(x)\cdots p_r(x)$ で割れるのだから，$p_i(x)$ は p 個の因子のどれか 1 つを割る．よって $p_i(x)$, $1 \leq i \leq r$ に対して
$$g(x) \equiv s_i \pmod{p_i(x)}, \quad s_i \in \mathbf{F}_p$$
となる s_i がただ 1 つ定まる．

まとめると $s_1, s_2, \ldots, s_r$ の p^r 個の組合せに対して $g(x)^p \equiv g(x) \pmod{f(x)}$ $\deg g(x) < n$ となる $g(x)$ が 1 対 1 に対応するわけである．よって $g(x)^p \equiv g(x) \pmod{f(x)}$ となる $g(x)$ をすべて求めれば，その個数は p^r 個あることになり，$f(x)$ の既約因子の個数 r がわかる．
$$g(x) = b_{n-1}x^{n-1} + b_{n-2}x^{n-2} + \cdots + b_0, \quad b_i \in \mathbf{F}_p$$
とすれば，
$$g(x)^p = b_{n-1}x^{p(n-1)} + b_{n-2}x^{p(n-2)} + \cdots + b_0$$
となるので，$0 \leq k \leq n-1$ に対して x^{pk} を $\bmod f(x)$ で計算する必要がある．
$$x^{pk} \equiv q_{n-1,k}x^{n-1} + q_{n-2,k}x^{n-2} + \cdots + q_{0,k} \pmod{f(x)}$$
とおけば
$$g(x)^p = \sum_{k=0}^{n-1} b_k x^{pk}$$

$$\equiv \sum_{k=0}^{n-1} b_k \left(\sum_{j=0}^{n-1} q_{j,k} x^j \right) \pmod{f(x)}$$
$$= \sum_{j=0}^{n-1} \left(\sum_{k=0}^{n-1} b_k q_{j,k} \right) x^j$$

これが $f(x)$ を法として $g(x)$ と等しいためには

$$\sum_{k=0}^{n-1} q_{j,k} b_k = b_j, \quad 0 \leq j \leq n-1$$

つまり

$$\begin{pmatrix} q_{0,0}-1 & q_{0,1} & \cdots & q_{0,n-1} \\ q_{1,0} & q_{1,1}-1 & \cdots & q_{1,n-1} \\ \vdots & \vdots & \ddots & \vdots \\ q_{n-1,0} & q_{n-1,1} & \cdots & q_{n-1,n-1}-1 \end{pmatrix} \begin{pmatrix} b_0 \\ b_1 \\ \vdots \\ b_{n-1} \end{pmatrix} = \begin{pmatrix} 0 \\ 0 \\ \vdots \\ 0 \end{pmatrix}$$

を解けばよい.行に関する基本変形と列の交換 (これは $b_0, \ldots, b_{n-1}$ の交換に対応する) を行えば,

$$\begin{pmatrix} 1 & & & & q'_{0,s} & \cdots & q'_{0,n-1} \\ & 1 & & & q'_{1,s} & \cdots & q'_{1,n-1} \\ & & \ddots & & \vdots & \ddots & \vdots \\ & & & 1 & q'_{s-1,s} & \cdots & q'_{s-1,n-1} \\ 0 & 0 & \cdots & 0 & 0 & & 0 \\ \vdots & \vdots & \ddots & \vdots & \vdots & \ddots & \vdots \\ 0 & 0 & \cdots & 0 & 0 & \cdots & 0 \end{pmatrix} \begin{pmatrix} b'_0 \\ b'_1 \\ \vdots \\ b'_{s-1} \\ b'_s \\ \vdots \\ b'_{n-1} \end{pmatrix} = \begin{pmatrix} 0 \\ 0 \\ \vdots \\ 0 \\ 0 \\ \vdots \\ 0 \end{pmatrix}$$

となる.$b'_0, \ldots, b'_{n-1}$ は $b_0, \ldots, b_{n-1}$ を適当に入れ替えたものである.よって $b'_s, \ldots, b'_{n-1}$ を自由に定めて $b'_0, \ldots, b'_{s-1}$ を

$$\begin{pmatrix} b'_0 \\ \vdots \\ b'_{s-1} \end{pmatrix} = - \begin{pmatrix} q'_{0,s} & \cdots & q'_{0,n-1} \\ \vdots & \ddots & \vdots \\ q'_{s-1,s} & \cdots & q'_{s-1,n-1} \end{pmatrix} \begin{pmatrix} b'_s \\ \vdots \\ b'_{n-1} \end{pmatrix}$$

と定めれば，すべての解が得られる．つまり $r = n - s$ が得られ，$g(x)$ の可能性がすべてわかる．特に

$$\begin{pmatrix} b'_s \\ b'_{s+1} \\ \vdots \\ b'_{n-1} \end{pmatrix} = \begin{pmatrix} 1 \\ 0 \\ \vdots \\ 0 \end{pmatrix}, \begin{pmatrix} 0 \\ 1 \\ \vdots \\ 0 \end{pmatrix}, \ldots, \begin{pmatrix} 0 \\ 0 \\ \vdots \\ 1 \end{pmatrix}$$

に対応する $g(x)$ を $g_1(x), g_2(x), \ldots, g_r(x)$ とすれば，すべての $g(x)$ は

$$g(x) = c_1 g_1(x) + c_2 g_2(x) + \cdots + c_r g_r(x), \quad c_i \in \mathbf{F}_p$$

と一意的に表される．

以上の方法を $p = 2$, $f(x) = x^8 + x^6 + x^5 + x^4 + x^3 + x^2 + 1$ に適用してみよう．$f(x)$ が平方因子を含まないことは $f(x)$ を微分すると

$$f'(x) = x^4 + x^2 = x^2(x+1)^2$$

となり $f(0) = f(1) = 1$ より $(f(x), f'(x)) = 1$ となることからわかる．次に既約因子の個数を求めよう．まず $x^{pk} = x^{2k}$ ($0 \leq k \leq 7$) を mod $f(x)$ で計算しなければならないが，$1 = -1$ であることを利用すると

$$\begin{aligned}
x^8 &\equiv x^6 + x^5 + x^4 + x^3 + x^2 + 1 \\
x^9 &\equiv x^7 + x^6 + x^5 + x^4 + x^3 + x \\
x^{10} &\equiv x^8 + x^7 + x^6 + x^5 + x^4 + x^2 \\
&\equiv x^6 + x^5 + x^4 + x^3 + x^2 + 1 \\
&\quad + x^7 + x^6 + x^5 + x^4 + x^2 \\
&= x^7 + x^3 + 1
\end{aligned}$$

同様に計算していくと，

$$\begin{aligned}
x^{11} &\equiv x^6 + x^5 + x^3 + x^2 + x + 1 \\
x^{12} &\equiv x^7 + x^6 + x^4 + x^3 + x^2 + x
\end{aligned}$$

§39. ベルレ・カンプの方法

$$x^{13} \equiv x^7 + x^6 + 1$$
$$x^{14} \equiv x^7 + x^6 + x^5 + x^4 + x^3 + x^2 + x + 1$$

となる．よって連立 1 次方程式は

$$\begin{array}{cccccccc} x^0 & x^2 & x^4 & x^6 & x^8 & x^{10} & x^{12} & x^{14} \end{array}$$
$$\begin{pmatrix} 1 & 0 & 0 & 0 & 1 & 1 & 0 & 1 \\ 0 & 0 & 0 & 0 & 0 & 0 & 1 & 1 \\ 0 & 1 & 0 & 0 & 1 & 0 & 1 & 1 \\ 0 & 0 & 0 & 0 & 1 & 1 & 1 & 1 \\ 0 & 0 & 1 & 0 & 1 & 0 & 1 & 1 \\ 0 & 0 & 0 & 0 & 1 & 0 & 0 & 1 \\ 0 & 0 & 0 & 1 & 1 & 0 & 1 & 1 \\ 0 & 0 & 0 & 0 & 0 & 1 & 1 & 1 \end{pmatrix} \begin{pmatrix} b_0 \\ b_1 \\ b_2 \\ b_3 \\ b_4 \\ b_5 \\ b_6 \\ b_7 \end{pmatrix} = \begin{pmatrix} b_0 \\ b_1 \\ b_2 \\ b_3 \\ b_4 \\ b_5 \\ b_6 \\ b_7 \end{pmatrix}$$

となる．縦ベクトルが x^{2k} の係数である．対角線より 1 を引き，行の交換，列の交換をしないで基本変形をすると，最終的には

$$\begin{pmatrix} 0 & 0 & 0 & 0 & 0 & 0 & 0 & 0 \\ 0 & 1 & 0 & 0 & 0 & 0 & 1 & 1 \\ 0 & 0 & 1 & 0 & 0 & 0 & 1 & 1 \\ 0 & 0 & 0 & 1 & 0 & 0 & 1 & 0 \\ 0 & 0 & 0 & 0 & 1 & 0 & 1 & 1 \\ 0 & 0 & 0 & 0 & 0 & 1 & 1 & 0 \\ 0 & 0 & 0 & 0 & 0 & 0 & 0 & 0 \\ 0 & 0 & 0 & 0 & 0 & 0 & 0 & 0 \end{pmatrix} \begin{pmatrix} b_0 \\ b_1 \\ b_2 \\ b_3 \\ b_4 \\ b_5 \\ b_6 \\ b_7 \end{pmatrix} = \begin{pmatrix} 0 \\ 0 \\ 0 \\ 0 \\ 0 \\ 0 \\ 0 \\ 0 \end{pmatrix}$$

となる．よって自由度である r は 3 であることがわかり，$f(x)$ は 3 個の既約因子に分解することがわかる．また $(b_0, b_6, b_7) = (1, 0, 0), (0, 1, 0), (0, 0, 1)$ に対応して

$$v_1 = \begin{pmatrix} 1 \\ 0 \\ 0 \\ 0 \\ 0 \\ 0 \\ 0 \\ 0 \end{pmatrix}, \quad v_2 = \begin{pmatrix} 0 \\ 1 \\ 1 \\ 1 \\ 1 \\ 1 \\ 1 \\ 0 \end{pmatrix}, \quad v_3 = \begin{pmatrix} 0 \\ 1 \\ 1 \\ 0 \\ 1 \\ 0 \\ 0 \\ 1 \end{pmatrix}$$

という 3 つの独立の解が得られ，この 3 つの 1 次結合より 8 つのすべての解が得られる．

さて $f(x)$ の既約因子の個数 r がわかったとして，次に因子 $p_1(x), p_2(x), \ldots, p_r(x)$ を求めよう． $g(x)^p \equiv g(x) \pmod{f(x)}$ となる $g(x)$ はすべて求まるし，

$$g(x)^p - g(x) = g(x)(g(x)-1)(g(x)-2)\cdots(g(x)-(p-1))$$

であるから，これが $p_1(x)\cdots p_r(x)$ で割れるためには，$p_i(x)$ はこの p 個の因子のどれか 1 つだけを割っている．よって $(f(x), g(x)-k), 0 \leq k \leq p-1$ を順に求めていけば，$p_i(x)$ は求まる．$g(x) - k$ が 2 つ以上の $p_i(x)$ で割れることもあるが，$g(x)$ をいろいろ変えれば必ず完全に分解される．たとえば $p_1(x)$ と $p_2(x)$ が分離することは

$$g(x) \equiv 1 \pmod{p_1(x)}$$
$$g(x) \equiv 0 \pmod{p_2(x)}$$

となる $g(x)$ は存在するからである．$f(x) = x^8 + x^6 + x^5 + x^4 + x^3 + x^2 + 1$ の場合，v_1, v_2, v_3 に対応する $g(x)$ は $g_1(x) = 1$, $g_2(x) = x^6 + x^5 + x^4 + x^3 + x^2 + x$, $g_3(x) = x^7 + x^4 + x^2 + x$ なので，$(f(x), g_2(x))$ を求めると，$f(x)$ は x で割れないので，$h(x) = x^5 + x^4 + x^3 + x^2 + x + 1$ と $f(x)$ の最大公約数を求めればよい．係数のみを並べて割り算をすると，

```
                  1 1 1 0
1 1 1 1 1 ) 1 0 1 1 1 1 1 0 1
            1 1 1 1 1 1
            0 1 0 0 0 0 1
              1 1 1 1 1 1
              1 1 1 1 0 0
                1 1 1 1 1 1
                      1 1 1
```

```
              1 0 0 1
    1 1 1 ) 1 1 1 1 1 1
            1 1 1
                1 1 1
                1 1 1
                      0
```

よって

$$f(x) = h(x) \cdot (x^3 + x^2 + x) + (x^2 + x + 1)$$

$$h(x) = (x^2 + x + 1)(x^3 + 1)$$

となり

$$(f(x), g_2(x)) = (f(x), h(x)) = x^2 + x + 1$$

$$f(x) = (x^2 + x + 1)(x^6 + x^5 + x^4 + x^3 + x^2 + x + 1)$$

が得られた. $x^2 + x + 1$ が既約なことより $(f(x), g_2(x) + 1)$ には他の 2 つの因子があるはずだから, もう $g_2(x) + 1$ を利用しても分解しない. 次に $g_3(x) = x(x^6 + x^3 + x + 1)$ を利用する. $k(x) = x^6 + x^3 + x + 1$ として

$$(k(x), x^6 + x^5 + x^4 + x^3 + x^2 + x + 1)$$

を求めると,

```
              1
1 0 0 1 0 1 1 ) 1 1 1 1 1 1 1
                1 0 0 1 0 1 1
                  1 1 0 1 0 0
```

```
          1 1 1 1
1 1 0 1 ) 1 0 0 1 0 1 1
          1 1 0 1
            1 0 0 0
            1 1 0 1
              1 0 1 1
              1 1 0 1
                1 1 0 1
                1 1 0 1
                      0
```

$$x^6 + x^5 + x^4 + x^3 + x^2 + x + 1 = k(x) + x^2(x^3 + x^2 + 1)$$

$$k(x) = (x^3 + x^2 + 1)(x^3 + x^2 + x + 1)$$

より $x^3 + x^2 + 1$ という $f(x)$ の因子が得られ，もう1つの

$$x^3 + x^2 + x + 1 + x^2 = x^3 + x + 1$$

という因子も得られた．つまり

$$f(x) = (x^2 + x + 1)(x^3 + x^2 + 1)(x^3 + x + 1)$$

と $\mathbf{F}_2$ の中で分解された．$r = 3$ であることはわかっているので，この3つの因子は既約因子である．

問 39.1. $\mathbf{F}_2[x]$ の中で $x^8 + x^7 + x^4 + x^3 + 1$ を既約分解せよ．

§40. ヘンゼルの補題

$\bmod p$ の分解より $\bmod p^k$ の分解が得られる，というヘンゼルの補題を利用して真の分解を得るザッセンハウス (1969) の方法を説明しよう．話をやさし

くするために整係数の多項式 $f(x)$ の最高次の係数を 1 とする. $\mathbf{F}_p$ の中で考えて $f(x) = g(x)h(x)$ と異なる既約多項式の積となったとする. $g(x)$, $h(x)$ の最高次の係数は 1 と調節しておく. このとき $\mathbf{F}_p$ の中で, $g(x)$, $h(x)$ は互いに素なので, 多項式 $C(x)$ に対して

$$g(x)A(x) + h(x)B(x) = C(x)$$

となる $A(x)$, $B(x)$ は存在する. また $A(x)$ は $\mod h(x)$ で定まるので $\deg A(x) < \deg h(x)$ と制限すると $A(x)$ はただ 1 通りに定まる. このとき $\deg C(x) < \deg f(x)$ ならば自動的に $\deg B(x) < \deg g(x)$ となる.

さて以上の話を整係数の世界に戻すと

$$f(x) = g(x)h(x) + p \cdot C_1(x), \quad \deg C_1(x) < \deg f(x)$$

となる整係数の多項式 $C_1(x)$ がある. この $C_1(x)$ に対して

$$g(x)A_1(x) + h(x)B_1(x) \equiv C_1(x) \pmod{p}$$

$$\deg A_1(x) < \deg h(x), \quad \deg B_1(x) < \deg g(x)$$

となる多項式 $A_1(x)$, $B_1(x)$ が $\mod p$ でただ 1 つ定まる. このとき

$$g_1(x) = g(x) + pB_1(x), \quad h_1(x) = h(x) + pA_1(x)$$

とおくと, $\mod p^2$ で考えて

$$g_1(x)h_1(x) \equiv g(x)h(x) + p\left(g(x)A_1(x) + h(x)B_1(x)\right) \pmod{p^2}$$
$$\equiv g(x)h(x) + pC_1(x) = f(x)$$

となる. つまり

$$f(x) \equiv g_1(x)h_1(x) \pmod{p^2}$$

$$g_1(x) \equiv g(x), \quad h_1(x) \equiv h(x) \pmod{p}$$

$$g_1(x),\ h_1(x)\ \text{の最高次の係数は 1}$$

$$\deg g_1(x) = \deg g(x), \quad \deg h_1(x) = \deg h(x)$$

となる．またこのような性質を持つ $g_1(x)$, $h_1(x)$ は mod p^2 で考えると他に存在しない．

問 40.1. なぜか．

mod p^3 で等しくするためには

$$f(x) = g_1(x)h_1(x) + p^2 C_2(x), \quad \deg C_2(x) < \deg f(x)$$

となる $C_2(x)$ に対して

$$g(x)A_2(x) + h(x)B_2(x) \equiv C_2(x) \pmod{p}$$

$$\deg A_2(x) < \deg h(x), \quad \deg B_2(x) < \deg g(x)$$

となる $A_2(x)$, $B_2(x)$ が mod p でただ1つ定まる．

$$g_2(x) = g_1(x) + p^2 B_2(x), \quad h_2(x) = h_1(x) + p^2 A_2(x)$$

とおくと，mod p^3 で考えて

$$\begin{aligned}
g_2(x)h_2(x) &\equiv g_1(x)h_1(x) + p^2(g_1(x)A_2(x) + h_1(x)B_2(x)) \pmod{p^3} \\
&\equiv g_1(x)h_1(x) + p^2(g(x)A_2(x) + h(x)B_2(x)) \pmod{p^3} \\
&\equiv g_1(x)g_1(x) + p^2 C_2(x) \pmod{p^3} \\
&= f(x)
\end{aligned}$$

となる．同様に考えると

$$f(x) \equiv g_k(x)h_k(x) \pmod{p^{k+1}}$$

$$g_k(x) \equiv g(x), \quad h_k(x) \equiv h(x) \pmod{p}$$

$$g_k(x), h_k(x) \text{ の最高次の係数} = 1$$

$$\deg g_k(x) = \deg g(x), \quad \deg h_k(x) = \deg h(x)$$

となる $g_k(x)$, $h_k(x)$ が mod p^{k+1} でただ 1 つ定まる. もし $g_k(x)$ と $h_k(x)$ の係数が $-(1/2)p^{k+1} \leq$ 係数 $< (1/2)p^{k+1}$ となるように調節すると $g_k(x)$, $h_k(x)$ はただ 1 つ定まる. 次節で説明するように, $f(x)$ の係数より $f(x)$ の因子の係数の大きさが評価できて, $-M \leq$ 係数 $< M$ となるような M が計算できる. よって $M < (1/2)p^{k+1}$ となるまで k を大きくしたとき, $g_k(x)$, $h_k(x)$ は本当に $f(x)$ の因子にならなければいけない. よって $f(x) = g_k(x)h_k(x)$ になっているか否か調べればよい. 等しくなければ $f(x)$ は $\mathbf{Z}[x]$ の多項式として既約である. その理由は次のようになる.

もし $f(x)$ が可約で $f(x) = G(x)H(x)$ となったとしよう. $f(x)$ の最高次の係数は 1 と仮定したから, $G(x)$, $H(x)$ の最高次の係数も 1 としてよい. この等式を $\mathbf{F}_p$ の中で考えれば, $G(x) = g(x)$, $H(x) = h(x)$ となっている. $g(x)$ と $h(x)$ は $\mathbf{F}_p$ の中で $f(x)$ を分解したとき得られた異なる既約多項式である. この $g(x)$, $h(x)$ より $G(x)$, $H(x)$ を復元するには, mod p^2, mod p^3, ... と一歩一歩直していけばよい. 直し方はその都度 1 通りしかないから

$$G(x) \equiv g_k(x) \pmod{p^{k+1}}, \quad H(x) \equiv h_k(x) \pmod{p^{k+1}}$$

とならざるを得ない. $G(x)$ と $g_k(x)$ の係数は, ともに $-\frac{1}{2}p^{k+1} \leq$ 係数 $< \frac{1}{2}p^{k+1}$ なので, mod p^{k+1} で等しいならば, 本当に等しくなければいけない. よって $f(x)$ が可約ならばその因子は $g_k(x)$ と $h_k(x)$ となるわけである.

§41. 係数の評価

$f(x)$ の最高次の係数で $f(x)$ を割れば

$$F(x) = f(x)/a_n = x^n + b_{n-1}x^{n-1} + \cdots + b_0, \quad b_i \in \mathbf{Q}$$

となる. $|b_{n-1}|, |b_{n-2}|, \ldots, |b_0|$ の最大値を M とすると, $F(x) = 0$ の根 α は $|\alpha| < M + 1$ となる. なぜなら, もし $|\alpha| \geq M + 1$ とすると

$$\begin{aligned}
|F(\alpha)| &= |\alpha^n + (b_{n-1}\alpha^{n-1} + \cdots + b_0)| \\
&\geq |\alpha^n| - |b_{n-1}\alpha^{n-1} + \cdots + b_0| \\
&\geq |\alpha|^n - (|b_{n-1}| \cdot |\alpha^{n-1}| + \cdots + |b_0|)
\end{aligned}$$

$$\geq |\alpha|^n - M(|\alpha|^{n-1} + \cdots + 1)$$
$$= |\alpha|^n \{1 - M(1/|\alpha| + 1/|\alpha|^2 + \cdots + 1/|\alpha|^n)\}$$
$$> |\alpha|^n \{1 - M(1/(M+1) + 1/(M+1)^2 + \cdots + 1/(M+1)^n + \cdots)\}$$
$$= |\alpha|^n \left\{1 - M\frac{1}{(M+1)} \cdot \frac{1}{1 - 1/(M+1)}\right\} = 0$$

より $|F(\alpha)| > 0$ となり，$F(\alpha) = 0$ となり得ないからである．

問 41.1. $b_{n-1}, \ldots, b_0$ の中に 0 でないものがあれば
$$x^n - |b_{n-1}|x^{n-1} - \cdots - |b_0| = 0$$
の正の根はただ 1 つであることを，微分することと，数学的帰納法を使って示せ．この根を β とすると，$F(x) = 0$ の根 α は $|\alpha| \leq \beta$ となることを示せ．

さて $f(x) = g(x)h(x)$ と整係数の範囲で分解したとしよう．$f(x) = 0$ の根 $\alpha_1, \alpha_2, \ldots, \alpha_n$ は
$$|\alpha_i| \leq \max\left\{\frac{|a_i|}{|a_n|},\ 0 \leq i \leq n-1\right\} + 1 \quad (= L \text{ とおく})$$
となる．$g(x) = 0$ の根は $f(x) = 0$ の根の 1 部だから，
$$g(x) = b_m(x - \alpha_1)\ldots(x - \alpha_m)$$
$$= b_m x^m + b_{m-1} x^{m-1} + \ldots + b_0$$
としよう．このとき b_{m-i} は
$$b_{m-i} = (-1)^i b_m \sum \alpha_{k_1} \cdots \alpha_{k_i}$$
となる．和は m 個より i 個選ぶすべての組合せである．b_m は a_n の約数なので
$$|b_{m-i}| \leq |b_m|\binom{m}{i}L^i \leq |a_n|\binom{m}{i}L^i$$
となり，$f(x)$ の係数だけより定まる定数で $g(x)$ の係数は抑えられる．

理論的にはこれでよいけれど，実用的には L^i が大きいので，工夫が必要である．たとえば次のような技巧的な方法がある．

§41. 係数の評価

$$F(x) = c_\ell x^\ell + c_{\ell-1} x^{\ell-1} + \cdots + c_0, \quad c_i \in \mathbf{C}$$

に対して $F(x)$ のノルム $|F(x)|$ を

$$|F(x)| = \sqrt{|c_\ell|^2 + |c_{\ell-1}|^2 + \cdots + |c_0|^2}$$

と定義する．このとき常数 c に対し $|c \cdot F(x)| = |c| \cdot |F(x)|$ となる．$\alpha \in \mathbf{C}$ に対して $\overline{\alpha}$ は複素共役とし

$$A(x) = F(x)(x - \alpha), \quad B(x) = F(x)(\overline{\alpha} x - 1)$$

とすると，$|A(x)| = |B(x)|$ であることが次のようにわかる．

$$\begin{aligned}
A(x) &= (c_\ell x^\ell + \cdots + c_0)(x - \alpha) \\
&= c_\ell x^{\ell+1} + (c_{\ell-1} - \alpha c_\ell) x^\ell + \cdots + (c_0 - \alpha c_1) x - \alpha c_0 \\
B(x) &= (c_\ell x^\ell + \cdots + c_0)(\overline{\alpha} x - 1) \\
&= \overline{\alpha} c_\ell x^{\ell+1} + (\overline{\alpha} c_{\ell-1} - c_\ell) x^\ell + \cdots + (\overline{\alpha} c_0 - c_1) x - c_0
\end{aligned}$$

$$\begin{aligned}
|c_{i-1} - \alpha c_i|^2 - |\overline{\alpha} c_{i-1} - c_i|^2 &= (c_{i-1} - \alpha c_i)(\overline{c_{i-1}} - \overline{\alpha c_i}) - (\overline{\alpha} c_{i-1} - c_i)(\alpha \overline{c_{i-1}} - \overline{c_i}) \\
&= c_{i-1} \overline{c_{i-1}} - \overline{\alpha} c_{i-1} \overline{c_i} - \alpha c_i \overline{c_{i-1}} + \alpha \overline{\alpha} c_i \overline{c_i} \\
&\quad - \alpha \overline{\alpha} c_{i-1} \overline{c_{i-1}} + \overline{\alpha} c_{i-1} \overline{c_i} + \alpha c_i \overline{c_{i-1}} - c_i \overline{c_i} \\
&= (|c_{i-1}|^2 - |c_i|^2)(1 - |\alpha|^2)
\end{aligned}$$

を用いれば

$$|A(x)|^2 - |B(x)|^2 = |c_\ell|^2 (1 - |\alpha|^2) + (|c_{\ell-1}|^2 - |c_\ell|^2)(1 - |\alpha|^2) + \cdots$$

$$+ (|c_0|^2 - |c_1|^2)(1 - |\alpha|^2) - |c_0|^2 (1 - |\alpha|^2) = 0$$

となる．つまり $A(x)$ の1つの因子 $(x - \alpha)$ を $(\overline{\alpha} x - 1)$ と変えてもノルムは変わらないわけである．

$$f(x) = a_n (x - \alpha_1) \cdots (x - \alpha_r)(x - \alpha_{r+1}) \cdots (x - \alpha_n)$$

$$|\alpha_1| \leq 1, \ldots, |\alpha_r| \leq 1, \ 1 < |\alpha_{r+1}|, \ldots, 1 < |\alpha_n|$$

とすると，1つ1つ因子を取り替えて

$|f(x)|$
$= |a_n(x-\alpha_1)\cdots(x-\alpha_r)(x-\alpha_{r+1})\cdots(x-\alpha_{n-1})(\overline{\alpha_n}x-1)|$
$= |a_n(x-\alpha_1)\cdots(x-\alpha_r)(x-\alpha_{r+1})\cdots(\overline{\alpha_{n-1}}x-1)(\overline{\alpha_n}x-1)|$
$\vdots$
$= |a_n(x-\alpha_1)\cdots(x-\alpha_r)(\overline{\alpha_{r+1}}x-1)\cdots(\overline{\alpha_n}x-1)|$
$= |a_n\overline{\alpha_{r+1}\alpha_{r+2}\cdots\alpha_n}|\cdot|(x-\alpha_1)\cdots(x-\alpha_r)(x-1/\overline{\alpha_{r+1}})\cdots(x-1/\overline{\alpha_n})|$

となる．
$$|(x-\alpha_1)\cdots(x-1/\overline{\alpha_n})| = |x^n+\cdots| \geq 1$$
であるから $M(f) = |\alpha_{r+1}\cdots\alpha_n|$ とおくと

$$|f(x)| \geq |a_n|\cdot M(f)$$

が得られた．つまり $f(x)=0$ の1より大きい根の積が評価できたわけである．$f(x)$ の a_{n-i} を根を用いて評価すると，

$$a_{n-i} = (-1)^i a_n \sum \alpha_{k_1}\cdots\alpha_{k_i}$$

であり，$|\alpha_1| \leq 1, \ldots, |\alpha_r| \leq 1,\ 1 < |\alpha_{r+1}|, \ldots, 1 < |\alpha_n|$ を用いると

$$|\alpha_{k_1}\cdots\alpha_{k_i}| \leq |\alpha_{r+1}\alpha_{r+2}\cdots\alpha_n|$$

となる．よって
$$|a_{n-i}| \leq |a_n|\cdot M(f)\cdot \binom{n}{i}$$
となる．$f(x) = g(x)h(x)$ と整係数の範囲で分解したとし，

$$g(x) = b_m x^m + b_{m-1}x^{m-1} + \cdots + b_0$$

とすると，$g(x) = 0$ の根は $f(x) = 0$ の根の一部であり，b_m は a_n の約数である．よって

$$|b_{m-i}| \le |b_m| \cdot M(g) \cdot \binom{m}{i} \le |a_n| \cdot M(f) \cdot \binom{m}{i} \le |f(x)| \cdot \binom{m}{i}$$

$$\therefore \ |b_{m-i}| \le \binom{m}{i} \sqrt{a_n^2 + a_{n-1}^2 + \cdots + a_0^2}$$

が得られた．だいぶ改良になったわけである．

§42.　多変数の場合

たとえば

$$f(x,y,z) = x^2 + (-z^2 - yz + y + z + 2)x + (yz^3 - z^3 - y^2z - yz + 2z)$$

を考えよう．係数は $\mathbf{F}_7$ の中で考えよう．$\mathbf{F}_7[y,z]$ の中で $\mathbf{F}_7[y,z]$ 係数の y と z の 1 次結合全体を $I = \langle y, z \rangle$ としよう．つまり I は常数項のない y と z の多項式全体である．また $y^k, y^{k-1}z, \ldots, z^k$ の 1 次結合全体を $I^k = \langle y^k, y^{k-1}z, \ldots, z^k \rangle$ としよう．つまり $k-1$ 次以下の項のない y と z の多項式全体である．まず mod I で考えると，

$$f(x,y,z) \equiv x^2 + 2x \pmod{I}$$

となる．2 つの多項式が mod I で等しいとは，その差の係数が I の元であることを意味する．$x^2 + 2x = x(x+2)$ なので $g(x,y,z) = x$, $h(x,y,z) = x+2$ とおく．$(g, h) = 1$ より x と 1 は g と h の 1 次結合として表すことができて

$$1 \cdot g + 0 \cdot h = x$$
$$3 \cdot g + 4 \cdot h = 3x + 4(x+2) = 1$$

となる．このことを用い，$f(x,y,z)$ が mod I^2, mod $I^3, \ldots$ で分解するようにヘンゼルの補題を利用しよう．素数 p の代わりに I を使うわけである．

$$f - g \cdot h \equiv (y+z)x + 2z \pmod{I^2}$$

よって

$$g_1 = g + 0 \cdot (y+z) + 4 \cdot 2z = x + z$$
$$h_1 = h + 1 \cdot (y+z) + 3 \cdot 2z = x + 2 + y$$

とおけば

$$g_1 h_1 \equiv gh + (1 \cdot g + 0 \cdot h)(y+z) + (3 \cdot g + 4 \cdot h) \cdot 2z \pmod{I^2}$$
$$= gh + x(y+z) + 2z$$

より $f \equiv g_1 h_1 \pmod{I^2}$ となる．

$$f - g_1 h_1 \equiv (-z^2 - yz)x + (-2yz) \pmod{I^3}$$

なので

$$g_2 = g_1 + 0 \cdot (-z^2 - yz) + 4 \cdot (-2yz) = x + z - yz$$
$$h_2 = h_1 + 1 \cdot (-z^2 - yz) + 3 \cdot (-2yz) = x + 2 + y - z^2$$

とおくと $f \equiv g_2 h_2 \pmod{I^3}$ となる．このとき

$$f = (x + z - yz)(x + 2 + y - z^2)$$

と $\mathbf{F}_7[x,y,z]$ の中だけでなく $\mathbf{Z}[x,y,z]$ の中で分解されている．

x の最高次の係数が 1 でないときは，少し工夫が必要である．

$$f(x,y,z) = y^3 z x^3 + (y^3 + y^2 z + yz^2)x^2 + (y^2 z + yz + z^2)x + y^2 + yz$$

のとき，$y = 3, z = 2$ とおくと

$$f(x, 3, 2) = 54x^3 + 57x^2 + 28x + 15$$
$$= (9x^2 + 2x + 3)(6x + 5).$$

x^3 の係数 $y^3 z$ が分かれるとしたら，$y = 3, z = 2$ のとき $y^2 = 9$, $yz = 6$ と分かれる以外にはない．よって最高次の部分がどのようになるか定まった．次に

$$(y^2 x^2 + Ax + B)(yzx + C) = y^3 z x^3 + (y^2 C + yzA)x^2 + (AC + yzB)x + BC$$

より常数項は $y^2 + yz = y(y+z)$ で，これは $y = 3, z = 2$ のとき $3 \cdot 5$ となる．よって $B = y$, $C = y + z$ 以外の分解はない．x の係数を比較すると，$A(y+z) + yz \cdot y = y^2 z + yz + z^2$ となり $A = z$ となる．このとき

$$f(x,y,z) = (y^2 x^2 + zx + y)(yzx + y + z)$$

となっている．

第7章

符 号 理 論

　情報を電気信号に直して送るとき，0と1の列に直して送る．もし途中で雑音が入り正しく送れなかったとき，訂正できないだろうか．少しゆとりを持たせて送った情報は，訂正できることを示そう．

§43. ハミングコード

　128種類以下の文字を2進法で符号化するためには7ビットあれば十分である．通常1ビットを付け加え，8ビットで1文字を表す．0と1が8つ並んでいるうち，1の個数が奇数になるように8ビット目を定める．この8ビット目を**パリティビット**と呼ぶ．このようにしておけば，8ビットのうち1ビットが誤って伝わったとき，1の個数が偶数になるので誤りが検出できる．しかし，どのビットが違っているかわからないので訂正はできない．訂正できるようにするにはもう少し余分なビットが必要である．

　ここに16種類の文字があったとしよう．4ビットあれば符号化できるけれど，さらに3ビット加えて7ビットで送ろう．付け加える3ビットをどのように定めるかといえば，4ビット a_3, a_5, a_6, a_7 に対して a_1, a_2, a_4 を

$$\begin{pmatrix} 1 & 0 & 1 & 0 & 1 & 0 & 1 \\ 0 & 1 & 1 & 0 & 0 & 1 & 1 \\ 0 & 0 & 0 & 1 & 1 & 1 & 1 \end{pmatrix} \begin{pmatrix} a_1 \\ a_2 \\ a_3 \\ a_4 \\ a_5 \\ a_6 \\ a_7 \end{pmatrix} = \begin{pmatrix} a_1 + a_3 + a_5 + a_7 \\ a_2 + a_3 + a_6 + a_7 \\ a_4 + a_5 + a_6 + a_7 \end{pmatrix} = \begin{pmatrix} 0 \\ 0 \\ 0 \end{pmatrix}$$

と定める.0か1かだけが大切なので,計算は mod 2 で,つまり $\mathbf{F}_2$ の中で考えることにする.よって

$$a_1 = a_3 + a_5 + a_7$$
$$a_2 = a_3 + a_6 + a_7$$
$$a_4 = a_5 + a_6 + a_7$$

と定めるわけである.3行7列の行列を H と表し,$a_1, a_2, \ldots, a_7$ を成分に持つ縦ベクトルを $\vec{a}$ と表せば,$H\vec{a} = \vec{0}$ と定めるわけである.$\vec{a}$ を具体的に表すとき,ときどき横ベクトルで $\vec{a} = (a_1, a_2, \ldots, a_7)$ と書くことにする.転置行列を表す記号 t を使い ${}^t\vec{a} = (a_1, \ldots, a_7)$ と書くべきであるが,混乱が生じないときは,わずらわしいので,t を省略するわけである.さて $\vec{a}$ を送るとき,i 番目が誤って送られたとしよう.i 番目だけが1である単位ベクトルを $\vec{e_i}$ と書くとき,$\vec{a} + \vec{e_i}$ と変化したわけである.このとき $H\vec{a} = \vec{0}$ を用いると

$$H(\vec{a} + \vec{e_i}) = H\vec{a} + H\vec{e_i} = H\vec{e_i} = H \text{ の } i \text{ 番目の列ベクトル}$$

となる.列ベクトルを2進法で考えれば,上より1桁目,2桁目,3桁目と思えば i 番目の列ベクトルに対応する2進数は i である.よって i 番目が誤りとわかり,訂正できるわけである.このような符号 (code) $\vec{a}$ をハミングコード (Hamming code) と呼ぶ.1950年にハミングが発見したコードである.

このハミングコードを少し別の見方から考えよう.$\mathbf{F}_2$ を係数とする多項式全体 $\mathbf{F}_2[x]$ を考えよう.この中に $f(x) = x^3 + x + 1$ という既約多項式を考えよう.$\mathbf{F}_2[x]$ の多項式 $g(x)$ と $h(x)$ の差が $f(x)$ で割れるとき,

$$g(x) \equiv h(x) \pmod{f(x)}$$

と書くことにしよう. $g(x)$ と $h(x)$ が合同になるのは, $f(x)$ で割った余りが等しいときである. 余りは 2 次以下の式であるから, $\mathrm{mod}\ f(x)$ で分類すると $\mathbf{F}_2[x]$ は 8 つの類に分かれる. 8 つの類の代表は, $0, 1, x, x+1, x^2, x^2+1, x^2+x, x^2+x+1$ である. さて 8 つの類を 8 つの元だと思うことにしよう. つまりもう一度抽象化するわけである. この 8 つの元の集合を $\mathbf{F}_8$ と表すことにする.

$$g_1(x) \equiv h_1(x) \pmod{f(x)}$$
$$g_2(x) \equiv h_2(x) \pmod{f(x)}$$

ならば, 整数の合同式と同じように

$$g_1(x) + g_2(x) \equiv h_1(x) + h_2(x) \pmod{f(x)}$$
$$g_1(x) - g_2(x) \equiv h_1(x) - h_2(x) \pmod{f(x)}$$
$$g_1(x) \cdot g_2(x) \equiv h_1(x) \cdot h_2(x) \pmod{f(x)}$$

が成り立つ. よって $g_1(x)$ の含まれる類と $g_2(x)$ の含まれる類の足し算, 引き算, 掛け算は $g_1(x)+g_2(x), g_1(x)-g_2(x), g_1(x)\cdot g_2(x)$ の含まれる類と定める. 代表の選び方によらず定まるわけである. $g(x)$ が $f(x)$ で割り切れなければ, $h(x)$ に対して

$$g(x) \cdot A(x) \equiv h(x) \pmod{f(x)}$$

となる $A(x)$ が $\mathrm{mod}\ f(x)$ でただ 1 つ定まる. $f(x)$ が既約であるからである. つまり $\mathbf{F}_8$ では割り算もできる. 四則算法のできる集合を**体**と呼ぶ. $\mathbf{F}_8$ は有限個の元より成る体なので**有限体**と呼ぶ.

$\mathbf{F}_8$ の掛け算と割り算を具体的にするために, x の含まれる類を α と書き, α を 1 つの元として扱おう. $f(x) = x^3+x+1$ であるから $\alpha^3+\alpha+1=0$ である. ここで $1, 0$ とは $1, 0$ を含む類を意味する. よって

$$\alpha^3 = \alpha + 1$$

$$\alpha^4 = \alpha^2 + \alpha$$
$$\alpha^5 = \alpha^3 + \alpha^2 = \alpha + 1 + \alpha^2$$
$$\alpha^6 = \alpha^2 + \alpha + \alpha^3 = \alpha^2 + \alpha + \alpha + 1 = \alpha^2 + 1$$
$$\alpha^7 = \alpha^3 + \alpha = \alpha + 1 + \alpha = 1$$

となる．つまり 0 以外の元は $\alpha^0 = 1$, α, $\alpha^2, \ldots, \alpha^6$ と表され，$\alpha^7 = 1$ であるから割り算が容易に行える．

問 43.1. 1, α, $\ldots$, α^6 同士の足し算の表を作れ．

α^{i-1} を 1, α, α^2 で表したときの係数を i 列目に書くと

$$H = \begin{pmatrix} 1 & 0 & 0 & 1 & 0 & 1 & 1 \\ 0 & 1 & 0 & 1 & 1 & 1 & 0 \\ 0 & 0 & 1 & 0 & 1 & 1 & 1 \end{pmatrix}$$

という行列ができる．この行列は先ほどの行列と列を少し入れ替えただけである．$\vec{a} = (a_1, a_2, \ldots, a_7)$ に対して $\vec{a}(x) = a_1 + a_2 x + \cdots + a_7 x^6$ という多項式を考える．このとき $H\vec{a}$ は何を意味するかと考えると，$\vec{a}(\alpha)$ を 1, α, α^2 の 1 次結合で表したときの係数を縦ベクトルとして表したものであることがわかる．ハミングコード $\vec{a}$ とは $H\vec{a} = \vec{0}$ つまり $\vec{a}(\alpha) = 0$ となるコードである．あるいは $\vec{a}(x)$ が $f(x) = x^3 + x + 1$ で割れるコードといい直される．$\mathbf{F}_8$ の元は 1, α, α^2 の係数を縦ベクトルとして並べたベクトルと同一視できる．このとき

$$H = (1, \alpha, \ldots, \alpha^6)$$

と表され，とても見通しがよい．$\vec{a}$ を送るとき，雑音が入り $\vec{a} + \vec{e}_{i+1}$ となったとすると

$$H(\vec{a} + \vec{e}_{i+1}) = H\vec{a} + H\vec{e}_{i+1} = H\vec{e}_{i+1} = \alpha^i$$

となり，何ビット目を訂正すればよいかわかる．もちろん 2 ビット誤って伝われば，訂正不可能である．3 ビット誤れば，たとえば 1 ビット目，2 ビット目，4 ビット目が誤って伝わると

$$H(\vec{a} + \vec{e}_1 + \vec{e}_2 + \vec{e}_4) = 1 + \alpha + \alpha^3 = 0$$

となり，誤りの検出もできない．何ビット誤って伝わったかは，あらかじめわからない．ただ 2 ビット以上誤って伝わることは確率が少ないであろう．

問 43.2. 2 ビット誤って伝わっても，検出だけはできることを示せ．

§44. BCH コード

2 ビット訂正できるコードはどのように作ったらよいだろうか．話を具体的にするために $\mathbf{F}_2[x]$ の中の既約多項式 $f(x) = x^4 + x + 1$ を考える．$\mathbf{F}_2[x]$ を $f(x)$ で分類すると 16 個の元の体 $\mathbf{F}_{16}$ ができる．x を含む類を α とおけば

$$\alpha^4 = \alpha + 1$$
$$\alpha^5 = \alpha^2 + \alpha$$
$$\alpha^6 = \alpha^3 + \alpha^2$$
$$\alpha^7 = \alpha^4 + \alpha^3 = \alpha + 1 + \alpha^3$$
$$\alpha^8 = \alpha^4 + \alpha^2 + \alpha = \alpha + 1 + \alpha^2 + \alpha = \alpha^2 + 1$$
$$\alpha^9 = \alpha^3 + \alpha$$
$$\alpha^{10} = \alpha^4 + \alpha^2 = \alpha + 1 + \alpha^2$$
$$\alpha^{11} = \alpha^3 + \alpha^2 + \alpha$$
$$\alpha^{12} = \alpha^4 + \alpha^3 + \alpha^2 = \alpha + 1 + \alpha^3 + \alpha^2$$
$$\alpha^{13} = \alpha^4 + \alpha^3 + \alpha^2 + \alpha = \alpha + 1 + \alpha^3 + \alpha^2 + \alpha = \alpha^3 + \alpha^2 + 1$$
$$\alpha^{14} = \alpha^4 + \alpha^3 + \alpha = \alpha + 1 + \alpha^3 + \alpha = \alpha^3 + 1$$
$$\alpha^{15} = \alpha^4 + \alpha = \alpha + 1 + \alpha = 1$$

となり $\mathbf{F}_{16}$ の 0 以外の元は $\alpha^0 = 1, \alpha, \alpha^2, \ldots, \alpha^{14}$ と表される．$\mathbf{F}_{16}$ の元は 4 つの成分を持つ縦ベクトルとしても表される．$1, \alpha, \alpha^2, \alpha^3$ の 1 次結合で表したときの係数を並べればよい．加法，減法は縦ベクトルとして表した方がよいし，乗法，除法は α の冪 (べき) として表した方が容易に行える．

さて行列 H を

$$H = \begin{pmatrix} 1 & \alpha & \alpha^2 & \cdots & \alpha^{14} \\ 1 & \alpha^3 & \alpha^6 & \cdots & \alpha^{14 \times 3} \end{pmatrix}$$

$$
= \begin{pmatrix} 1 & \alpha & \alpha^2 & \alpha^3 & \alpha^4 & \alpha^5 & \alpha^6 & \alpha^7 & \alpha^8 & \alpha^9 & \alpha^{10} & \alpha^{11} & \alpha^{12} & \alpha^{13} & \alpha^{14} \\ 1 & \alpha^3 & \alpha^6 & \alpha^9 & \alpha^{12} & 1 & \alpha^3 & \alpha^6 & \alpha^9 & \alpha^{12} & 1 & \alpha^3 & \alpha^6 & \alpha^9 & \alpha^{12} \end{pmatrix}
$$

$$
= \begin{pmatrix}
1 & 0 & 0 & 0 & 1 & 0 & 0 & 1 & 1 & 0 & 1 & 0 & 1 & 1 & 1 \\
0 & 1 & 0 & 0 & 1 & 1 & 0 & 1 & 0 & 1 & 1 & 1 & 1 & 0 & 0 \\
0 & 0 & 1 & 0 & 0 & 1 & 1 & 0 & 1 & 0 & 1 & 1 & 1 & 1 & 0 \\
0 & 0 & 0 & 1 & 0 & 0 & 1 & 1 & 0 & 1 & 0 & 1 & 1 & 1 & 1 \\
1 & 0 & 0 & 0 & 1 & 1 & 0 & 0 & 0 & 1 & 1 & 0 & 0 & 0 & 1 \\
0 & 0 & 0 & 1 & 1 & 0 & 0 & 0 & 1 & 1 & 0 & 0 & 0 & 1 & 1 \\
0 & 0 & 1 & 0 & 1 & 0 & 0 & 1 & 0 & 1 & 0 & 0 & 1 & 0 & 1 \\
0 & 1 & 1 & 1 & 1 & 0 & 1 & 1 & 1 & 1 & 0 & 1 & 1 & 1 & 1
\end{pmatrix}
$$

とし，コード $\vec{a} = (a_1, a_2, \ldots, a_{15})$ としては $H\vec{a} = \vec{0}$ を満たすもののみを用いよう．行列 H のランクは 8 であることが，たとえば，はじめの 8 列の行列式が 0 でないことよりわかる．

問 44.1. 行に関する基本変形で正則であることを確かめよ．また 7 つの独立な $H\vec{a} = \vec{0}$ 解ベクトルを求めよ．

よって扱える文字の種類は $2^7 = 128$ である．7 ビットの情報を 15 ビットにゆとりを持たせて送るわけである．$\vec{a}$ より多項式 $\vec{a}(x) = a_1 + a_2 x + \cdots + a_{15} x^{14}$ を作れば $\vec{a}(\alpha) = 0, \vec{a}(\alpha^3) = 0$ となるコードを利用するわけである．さて $i+1$ ビット目がエラーを起こして $\vec{a}$ が $\vec{a} + \vec{e}_{i+1}$ となったとしよう．$\vec{e}_{i+1}$ は $i+1$ 番目のみが 1 である単位ベクトルである．このとき $H\vec{a} = \vec{0}$ を利用すると

$$
H(\vec{a} + \vec{e}_{i+1}) = H\vec{e}_{i+1} = \begin{pmatrix} \alpha^i \\ \alpha^{3i} \end{pmatrix}
$$

となり i がわかる．つまり H の $i+1$ 列目と同じになるので i がわかる．

問 44.2. $\vec{b} = (110010111000000)$ と送られてきた．正しいコードは何か．

では $i+1$ ビット目と $j+1$ ビット目がエラーを起こしたとしよう．

$$
H(\vec{a} + \vec{e}_{i+1} + \vec{e}_{j+1}) = H\vec{e}_{i+1} + H\vec{e}_{j+1} = \begin{pmatrix} \alpha^i + \alpha^j \\ \alpha^{3i} + \alpha^{3j} \end{pmatrix}
$$

となる．$s_1 = \alpha^i + \alpha^j, s_2 = \alpha^{3i} + \alpha^{3j}$ がわかっているとき α^i と α^j を求め

るには次のように2次方程式を解けばよい．

$$s_2 = (\alpha^i)^3 + (\alpha^j)^3 = (\alpha^i + \alpha^j)(\alpha^{2i} + \alpha^i\alpha^j + \alpha^{2j})$$
$$= (\alpha^i + \alpha^j)\{(\alpha^i + \alpha^j)^2 + \alpha^i\alpha^j\}$$
$$= s_1(s_1^2 + \alpha^i\alpha^j)$$

$$\therefore \alpha^i\alpha^j = s_2/s_1 + s_1^2$$

よって2次方程式

$$X^2 + (\alpha^i + \alpha^j)X + \alpha^i\alpha^j = X^2 + s_1 X + (s_2/s_1 + s_1^2) = 0$$

の根が α^i と α^j となる．2次方程式といっても $2=0$ の世界なので普通の根の公式は使えない．1つの例で説明しよう．$\vec{a}$ を送ったけれど，受け取ったとき雑音が混じり，

$$\vec{b} = (0\ 0\ 1\ 1\ 0\ 0\ 0\ 1\ 0\ 1\ 1\ 0\ 0\ 0\ 0)$$

となったとしよう．$H\vec{b}$ を計算すると，

$$H\vec{b} = \begin{pmatrix} \alpha^2 + \alpha^3 + \alpha^7 + \alpha^9 + \alpha^{10} \\ \alpha^6 + \alpha^9 + \alpha^6 + \alpha^{12} + 1 \end{pmatrix}$$

$$s_1 = \alpha^2 + \alpha^3 + \alpha^7 + \alpha^9 + \alpha^{10}$$
$$= \alpha^2 + \alpha^3 + (\alpha^3 + \alpha + 1) + (\alpha^3 + \alpha) + (\alpha^2 + \alpha + 1)$$
$$= \alpha^3 + \alpha = \alpha^9$$
$$s_2 = \alpha^6 + \alpha^9 + \alpha^6 + \alpha^{12} + 1 = \alpha^9 + \alpha^{12} + 1$$
$$= (\alpha^3 + \alpha) + (\alpha^3 + \alpha^2 + \alpha + 1) + 1$$
$$= \alpha^2$$

$$s_2/s_1 + s_1^2 = \alpha^2/\alpha^9 + \alpha^{18} \quad (\alpha^{15} = 1 \text{ を使うと})$$
$$= \alpha^8 + \alpha^3$$
$$= (\alpha^2 + 1) + \alpha^3 = \alpha^{13}$$

よって2次方程式 $X^2 + \alpha^9 X + \alpha^{13} = 0$ を解けばよい．$\alpha^{i+j} = \alpha^{13}$ となる組み合わせを $i = 0, 1, 2, \ldots$ と順に求め，$\alpha^i + \alpha^j$ を計算すると，

$$i = 0 \quad 1 + \alpha^{13} = 1 + \alpha^3 + \alpha^2 + 1 = \alpha^3 + \alpha^2 = \alpha^6$$
$$i = 1 \quad \alpha + \alpha^{12} = \alpha + (\alpha^3 + \alpha^2 + \alpha + 1) = \alpha^3 + \alpha^2 + 1 = \alpha^{13}$$
$$i = 2 \quad \alpha^2 + \alpha^{11} = \alpha^2 + (\alpha^3 + \alpha^2 + \alpha) = \alpha^3 + \alpha = \alpha^9$$

となり，$i = 2$, $j = 11$ となった．よって正しい情報は $\vec{b} + \vec{e}_3 + \vec{e}_{12}$ で

$$\vec{a} = (0\ 0\ 0\ 1\ 0\ 0\ 0\ 1\ 0\ 1\ 1\ 1\ 0\ 0\ 0)$$

が正しい情報であることがわかった．

問 44.3. $\vec{b} = (101110110001000)$ と送られたきた．正しいコードを求めよ．

これを **BCH** コードと呼ぶ．1960年，Bose-Chaudhuri と Hocquengham が独立に発見したからである．

§45. リード・ソロモンコード

雑音は集中的に生ずることも多い．このような場合に強いコードとしてやはり1960年ごろリード・ソロモンコード (Read Solomon code) が発見された．コードを3ビットずつに区切ることにしよう．その3ビットを $\mathbf{F}_8$ の元と思うことにしよう．たとえば

$$\vec{a} = (\alpha^3\ \alpha\ 1\ \alpha^3\ 1\ 0\ 0)$$

としよう．これは $\mathbf{F}_8$ の7つの元を成分に持つベクトルであるが，実際に送るにはその3倍の21ビットになるわけである．行列 H の成分も $\mathbf{F}_8$ の元とし

$$H = \begin{pmatrix} 1 & \alpha & \alpha^2 & \alpha^3 & \alpha^4 & \alpha^5 & \alpha^6 \\ 1 & \alpha^2 & \alpha^4 & \alpha^6 & \alpha^8 & \alpha^{10} & \alpha^{12} \\ 1 & \alpha^3 & \alpha^6 & \alpha^9 & \alpha^{12} & \alpha^{15} & \alpha^{18} \\ 1 & \alpha^4 & \alpha^8 & \alpha^{12} & \alpha^{16} & \alpha^{20} & \alpha^{24} \end{pmatrix}$$

$$= \begin{pmatrix} 1 & \alpha & \alpha^2 & \alpha^3 & \alpha^4 & \alpha^5 & \alpha^6 \\ 1 & \alpha^2 & \alpha^4 & \alpha^6 & \alpha & \alpha^3 & \alpha^5 \\ 1 & \alpha^3 & \alpha^6 & \alpha^2 & \alpha^5 & \alpha & \alpha^4 \\ 1 & \alpha^4 & \alpha & \alpha^5 & \alpha^2 & \alpha^6 & \alpha^3 \end{pmatrix}$$

としよう．$H\vec{a} = \vec{0}$ を確かめてみよう．$\alpha^3 = \alpha + 1$, $\alpha^4 = \alpha^2 + \alpha$, $\alpha^5 = \alpha^2 + \alpha + 1$, $\alpha^6 = \alpha^2 + 1$, $\alpha^7 = 1$ を使えば，

$$H\vec{a} = \begin{pmatrix} \alpha^3 + \alpha^2 + \alpha^2 + \alpha^6 + \alpha^4 \\ \alpha^3 + \alpha^3 + \alpha^4 + \alpha^9 + \alpha \\ \alpha^3 + \alpha^4 + \alpha^6 + \alpha^5 + \alpha^5 \\ \alpha^3 + \alpha^5 + \alpha + \alpha^8 + \alpha^2 \end{pmatrix}$$
$$= \begin{pmatrix} (\alpha+1) + (\alpha^2+1) + (\alpha^2+\alpha) \\ (\alpha^2+\alpha) + \alpha^2 + \alpha \\ (\alpha+1) + (\alpha^2+\alpha) + (\alpha^2+1) \\ (\alpha+1) + (\alpha^2+\alpha+1) + \alpha^2 \end{pmatrix} = \begin{pmatrix} 0 \\ 0 \\ 0 \\ 0 \end{pmatrix}$$

となる．このような $H\vec{a} = \vec{0}$ となる $\vec{a}$ をリード・ソロモンコードと呼ぶ．

問 45.1. H を基本変形し，リード・ソロモンコードはいくつあるか求めよ．

$\vec{a}(x) = a_1 + a_2 x + \ldots + a_7 x^6 \in \mathbf{F}_8[x]$ とすれば $H\vec{a} = \vec{0}$ とは $\vec{a}(\alpha) = 0$, $\vec{a}(\alpha^2) = 0$, $\vec{a}(\alpha^3) = 0$, $\vec{a}(\alpha^4) = 0$ を意味する．では $i+1$ 番目が $\beta \in \mathbf{F}_8$ だけ化けたとしよう．つまり $3i+1$, $3i+2$, $3i+3$ ビット目が集中的に変化したとしよう．

$$H(\vec{a} + \beta \vec{e}_{i+1}) = H(\beta \vec{e}_{i+1}) = \begin{pmatrix} \beta \cdot \alpha^i \\ \beta \cdot \alpha^{2i} \\ \beta \cdot \alpha^{3i} \\ \beta \cdot \alpha^{4i} \end{pmatrix}$$

の 4 つの成分 $\in \mathbf{F}_8$ より，まず 2 番目を 1 番目で割り α^i がわかる．次に 1 番目を α^i で割り β がわかり，送られてきた $\vec{a} + \beta \cdot \vec{e}_{i+1}$ より $\beta \cdot \vec{e}_{i+1}$ を引き，$\vec{a}$ が復元できる．では $i+1$ 番目が β だけ，$j+1$ 番目が γ だけ化けたとしよう．

$$H(\vec{a} + \beta \cdot \vec{e}_{i+1} + \gamma \cdot \vec{e}_{j+1}) = \begin{pmatrix} \beta\alpha^i + \gamma\alpha^j \\ \beta\alpha^{2i} + \gamma\alpha^{2j} \\ \beta\alpha^{3i} + \gamma\alpha^{3j} \\ \beta\alpha^{4i} + \gamma\alpha^{4j} \end{pmatrix}$$

という4つの成分は計算できる．この4つの成分より，α^i, α^j, β, γ を計算しよう．$\delta = \alpha^i$, $\varepsilon = \alpha^j$ とおき，4つの成分を s_1, s_2, s_3, s_4 とおく．つまり

$$s_1 = \beta\delta + \gamma\varepsilon$$
$$s_2 = \beta\delta^2 + \gamma\varepsilon^2$$
$$s_3 = \beta\delta^3 + \gamma\varepsilon^3$$
$$s_4 = \beta\delta^4 + \gamma\varepsilon^4$$

である．まず δ と ε を求めよう．

$$0 = \delta^2 - (\delta + \varepsilon)\delta + \delta\varepsilon$$
$$0 = \varepsilon^2 - (\delta + \varepsilon)\varepsilon + \delta\varepsilon$$

のはじめの式に $\beta\delta$，次の式に $\gamma\varepsilon$ を掛けると

$$0 = \beta\delta^3 - (\delta + \varepsilon)\beta\delta^2 + (\delta\varepsilon)\beta\delta$$
$$0 = \gamma\varepsilon^3 - (\delta + \varepsilon)\gamma\varepsilon^2 + (\delta\varepsilon)\gamma\varepsilon$$

となる．よって加えると

$$0 = s_3 - (\delta + \varepsilon)s_2 + (\delta\varepsilon)s_1$$

となる．同様に $\beta\delta^2$, $\gamma\varepsilon^2$ を掛けて加えると

$$0 = s_4 - (\delta + \varepsilon)s_3 + (\delta\varepsilon)s_2$$

が得られる．この連立1次方程式より $\delta + \varepsilon$ と $\delta\varepsilon$ が得られる．よって

$$X^2 - (\delta + \varepsilon)X + \delta\varepsilon = 0$$

の根として δ と ε が得られる．δ と ε がわかったら

§45. リード・ソロモンコード

$$s_1 = \beta\delta + \gamma\varepsilon$$
$$s_2 = \beta\delta^2 + \gamma\varepsilon^2$$

の連立 1 次方程式より β と γ が得られる．たとえば，

$$\vec{b} = (\alpha^3 \ \ \alpha \ \ \alpha^6 \ \ \alpha^3 \ \ 1 \ \ \alpha \ \ 0)$$

が送られてきたとしよう．

$$H\vec{b} = \begin{pmatrix} \alpha^3 + \alpha^2 + \alpha^8 + \alpha^6 + \alpha^4 + \alpha^6 \\ \alpha^3 + \alpha^3 + \alpha^{10} + \alpha^9 + \alpha + \alpha^4 \\ \alpha^3 + \alpha^4 + \alpha^{12} + \alpha^5 + \alpha^5 + \alpha^2 \\ \alpha^3 + \alpha^5 + \alpha^7 + \alpha^8 + \alpha^2 + \alpha^7 \end{pmatrix} = \begin{pmatrix} \alpha^3 + \alpha^2 + \alpha + \alpha^4 \\ \alpha^3 + \alpha^2 + \alpha + \alpha^4 \\ \alpha^3 + \alpha^4 + \alpha^5 + \alpha^2 \\ \alpha^3 + \alpha^5 + \alpha + \alpha^2 \end{pmatrix}$$

$$= \begin{pmatrix} (\alpha+1) + \alpha^2 + \alpha + (\alpha^2+\alpha) \\ (\alpha+1) + \alpha^2 + \alpha + (\alpha^2+\alpha) \\ (\alpha+1) + (\alpha^2+\alpha) + (\alpha^2+\alpha+1) + \alpha^2 \\ (\alpha+1) + (\alpha^2+\alpha+1) + \alpha + \alpha^2 \end{pmatrix} = \begin{pmatrix} \alpha+1 \\ \alpha+1 \\ \alpha^2+\alpha \\ \alpha \end{pmatrix} = \begin{pmatrix} \alpha^3 \\ \alpha^3 \\ \alpha^4 \\ \alpha \end{pmatrix}$$

よって $s_1 = \alpha^3$, $s_2 = \alpha^3$, $s_3 = \alpha^4$, $s_4 = \alpha$ となり δ と ε の連立方程式は

$$0 = \alpha^4 + (\delta+\varepsilon)\alpha^3 + (\delta\varepsilon)\alpha^3$$
$$0 = \alpha + (\delta+\varepsilon)\alpha^4 + (\delta\varepsilon)\alpha^3$$

両辺を α^3 で割れば，$\alpha^7 = 1$ を使い

$$0 = \alpha + (\delta+\varepsilon) + (\delta\varepsilon)$$
$$0 = \alpha^5 + (\delta+\varepsilon)\alpha + (\delta\varepsilon)$$

両辺加えれば $0 = \alpha^6 + (\delta+\varepsilon)\alpha^3$ となり $\delta+\varepsilon = \alpha^3$ が得られ，$\delta\varepsilon = 1$ が得られる．$\alpha^i + \alpha^{7-i} = \alpha^3$ となる i を求めると，$i = 2$ となり $\delta = \alpha^2$, $\varepsilon = \alpha^5$ が得られた．これを s_1, s_2 に代入すると

$$\alpha^3 = \beta\alpha^2 + \gamma\alpha^5$$
$$\alpha^3 = \beta\alpha^4 + \gamma\alpha^{10}$$

となり，初めの式に α^2 を掛けて加えると $\alpha^5+\alpha^3 = \gamma(1+\alpha^3)$，つまり $\alpha^2 = \gamma\alpha$ より $\gamma = \alpha$ が得られる．よって $\beta\alpha^2 = \alpha^3+\alpha^6 = \alpha^4$ より $\beta = \alpha^2$ も得られる．よって

$$\vec{a} = \vec{b} + (0\ 0\ \alpha^2\ 0\ 0\ \alpha\ 0)$$
$$= (\alpha^3\ \alpha\ 1\ \alpha^3\ 1\ 0\ 0)$$

が正しい情報である．

問 45.2. $\vec{b} = (\alpha^5\ \alpha^4\ 1\ \alpha\ \alpha\ 0\ 1)$ が送られてきたとき，正しいコードを求めよ．

§46. 代数幾何符号

1970年ごろゴッパ (Goppa) は有理式を用いる新しいコードを発見した．このコードを正確に表現するには多くの数学的な準備が必要なので，ここでは直観的な，おおまかな雰囲気を伝えるだけにしよう．

p を素数として有限体 $\mathbf{F}_p$ を作る．$\mathbf{F}_p$ を係数に持つ多項式全体 $\mathbf{F}_p[x]$ を考え，この中より ℓ 次既約多項式 $f(x)$ を選ぶ．$\mathbf{F}_p[x]$ を $\mathrm{mod}\ f(x)$ で分類すると $q = p^\ell$ 個の類となる．$f(x)$ が既約なことを使うと q 個の元より成る有限体 $\mathbf{F}_q$ となる．ふたたび $\mathbf{F}_q$ を係数に持つ2変数の多項式 $F(x,y)$ を考える．係数が実数だと思えば $F(x,y) = 0$ は曲線 C を定義する．たとえば $F(x,y) = y^2 - x^3 - x$ のとき，$F(x,y) = 0$ は図47のような曲線になる．

原点以外では y は x の関数としてテイラー展開できる．y が正の部分と負の部分の2つに分けなければいけないが，たとえば $x = 1, y = \sqrt{2}$ の近くのとき，y は $x-1$ の関数として

$$y = \sqrt{2+4(x-1)+3(x-1)^2+(x-1)^3}$$
$$= \sqrt{2}\{1+(x-1)+\frac{1}{4}(x-1)^2+\cdots\}$$

となる．原点の近くでは x が y の関数として $x = y^2 - y^6 + \cdots$ と展開される．どちらにしても曲線上の小さな部分では1変数でパラメータ表示される．x や y を複素数 $\mathbf{C}$ の中で考える．よって曲線上の小さな部分は1つの複素数でパラメータ表示されるのだから複素平面の一部分と思うことができる．この小さな

§46. 代数幾何符号

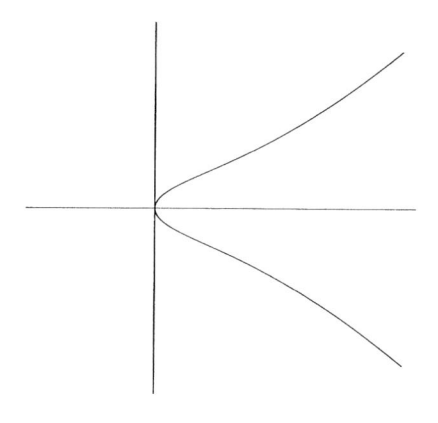

図 47

部分をつなげていき，さらに無限遠点も付け加えると，$F(x,y) = y^2 - x^3 - x$ の場合，図のようなドーナツ形の表面になる．複素数まで考えたから曲面のようになるのであって，実数部分のみを取り出すと，曲線になるわけである．

ドーナツの場合，穴が 1 つしかない．他の曲線の場合，穴が 2 つになったり 3 つになったりする．この穴の個数を曲線の**種数** (genus) といい，g で表す (図 48)．

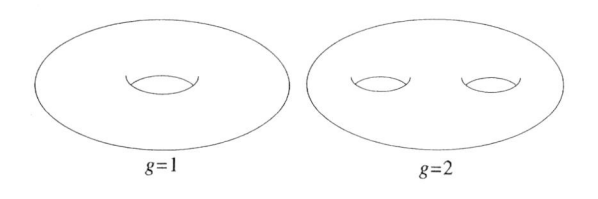

$g=1$　　　$g=2$

図 48

さて $P_0, P_1, \ldots, P_n$ を曲線 C 上の $\mathbf{F}_q$ 有理点とする．つまり x 座標も y 座標も $\mathbf{F}_q$ の元で $F(x,y) = 0$ を満たす点である．これから話すように，よい符号を得るためには多くの $\mathbf{F}_q$ 有理点を持つ曲線 C を求めることが大切である．$2g-2$ よりも n が十分大きいとして話を進めよう．$2g-2 < m < n$ なる自然数 m を固定しよう．$\mathbf{F}_q$ 係数の 2 変数の有理式 $f(x,y)$ を考える．この $f(x,y)$ を C 上の関数だと思えば，C の小さな部分では 1 変数でパラメー

タ表示できる．よって P_0 で m 位の極を持つとか，極を持たないとかは意味がある．1変数のローラン展開を考えればよいからである．L を P_0 では高々 m 位の極を持つが，他の C 上の点では極を持たない有理式 $f(x,y)$ の全体としよう．L に含まれる有理式 $f(x,y)$ に $\mathbf{F}_q$ の元を掛けても P_0 で高々 m 位の極というような性質は保たれる．2つの有理式 $f(x,y)$, $h(x,y)$ に対しても $f(x,y)+h(x,y)$ は同じ性質を持つ．つまり L は体 $\mathbf{F}_q$ 上のベクトル空間と考えることができる．L のベクトル空間としての次元が $m-g+1$ になる，というのがリーマン・ロッホの**定理**で，曲線論の最初にでてくる深い定理である．

さて L の元 f に $\mathbf{F}_q{}^n$ の元 $(f(P_1), f(P_2), \ldots, f(P_n))$ を対応させよう．これは線型写像になる．また単射になることは，次のようにわかる．一般に関数論より C 上において $f \neq 0$ ならば，f の零点の個数＝ f の極の個数，が成立するので L の元 f に対しては $f \neq 0$ ならば f の零点の個数＝ f の極の個数 $\leq m$ となる．よって $f(P_1), \ldots, f(P_n)$ の中に 0 でないものが $n-m$ 個以上ある．特に上記の線型写像が単射になることがわかった．$(f(P_1), \ldots, f(P_n))$ をコードと考えよう，というのが**代数幾何符号**である．L の次元が $m-g+1$ なので，q^{m-g+1} 個のコードが作られる．2つのコード $(f(P_1), \ldots, f(P_n))$ と $(h(P_1), \ldots, h(P_n))$ の差は $f-h$ がやはり L の元なので，成分が 0 でないものが $n-m$ 個以上ある．つまりどの2つのコードも $n-m$ 個以上成分が異なるわけである．$n-m \geq 2t+1$ としよう．すると，このコードを送ったとき，t 個以下の成分にエラーが発生しても訂正できる．t 個以下しか異ならないコードは一意的に定まるからである．なぜなら t 個以下の部分が化けて $\vec{b}$ が送られてきたとしよう．$\vec{b}$ と t 個以下しか異ならないコードが $\vec{a}_1$ と $\vec{a}_2$ の2つあったとしよう．$\vec{a}_1$ と $\vec{a}_2$ の異なる部分は，$\vec{a}_1$ と $\vec{b}$ とで異なる部分と $\vec{a}_2$ と $\vec{b}$ とで異なる部分以外にはあり得ない．よって多くて $2t$ 個以外には異ならない．もし $\vec{a}_1 \neq \vec{a}_2$ ならば，$2t+1$ 個以上異なるわけだから，$\vec{a}_1 = \vec{a}_2$ となる．つまり $\vec{b}$ と t 個以下しか成分が異ならない**近い**コードは一意的に定まるわけである．

まとめると，$n-m$ が大きくなると訂正能力の高いコードになるし，$m-g+1$ が大きくなると，多くの種類のコードを作れる．n が大きくなれば，m を調整して両方ともに大きくできる．つまり多くの $\mathbf{F}_q$ 有理点を持つ曲線を求めることが，大切な問題となる．

第8章

グレブナー基底

 有理数係数の多項式 $f_1(x,y),\ f_2(x,y),\ldots,\ f_t(x,y)$ があったとしよう．ある $f(x,y)$ が $f_1,\ f_2,\ldots,\ f_t$ の1次結合か否か，つまり

$$f(x,y) = h_1(x,y)f_1(x,y) + h_2(x,y)f_2(x,y) + \cdots + h_t(x,y)f_t(x,y)$$

となるような多項式 $h_1,\ h_2,\ldots,\ h_t$ があるか否かはどのように判定したらよいのだろうか．1変数のように割り算ができないので，問題は複雑になる．グレブナー基底を用いて，この問題を解決しよう．

§47. モノイデアル

 有理数係数の1変数多項式全体を $\mathbf{Q}[x]$ と表そう．$\mathbf{Q}[x] \ni f_1(x),\ldots,f_t(x)$ が与えられたとき，$f_1(x),\ldots,f_t(x)$ の1次結合全体 I つまり

$$I = \{h_1(x)f_1(x) + \cdots + h_t(x)f_t(x) \mid h_1(x),\ldots,h_t(x) \in \mathbf{Q}[x]\}$$

は $f_1(x),\ldots,f_t(x)$ の最大公約数 $d(x)$ の倍数全体となる．つまり

$$I = \{h(x)d(x) \mid h(x) \in \mathbf{Q}[x]\}$$

となるので，$f_1(x),\ldots,f_t(x)$ の1次結合になっているか否かは $d(x)$ で割ってみればわかる．$d(x)$ はユークリッドの互除法より求まるので, 何も問題はない．次に2変数の有理係数の多項式全体を $\mathbf{Q}[x,y]$ と表そう．2変数だと割り算がで

きないので，ユークリッドの互除法が使えない．よって次のような工夫をする．

2 変数の単項式 $x^m y^n$ の指数部のみに着目しよう．$\overline{\mathbf{N}} = \{0,1,2,\ldots\}$ としたとき，m と n の組 (m,n) は $\overline{\mathbf{N}}^2$ の元である．$\overline{\mathbf{N}}^2$ の元の間に 2 種類の大小関係を次のように定める．

$$(m,n) \leq (p,q) \quad \text{とは} \quad m \leq p \text{ かつ } n \leq q,$$
$$(m,n) \preceq (p,q) \quad \text{とは} \quad m < p \text{ または } (m = p \text{ かつ } n \leq q).$$

また等しくなく，本当に大きいときは $(m,n) < (p,q)$ とか $(m,n) \prec (p,q)$ などと書く．2 番目の大小関係はいわゆる**辞書式順序**というもので，第 1 成分が大きい方が大きく，第 1 成分が同じときは第 2 成分が大きい方が大きい，という順序である．$\alpha = (m,n)$, $\beta = (p,q)$ などと $\overline{\mathbf{N}}^2$ の元をギリシャ文字で表すことにする．α より大きい部分を図示すると，図 49 のようになる．

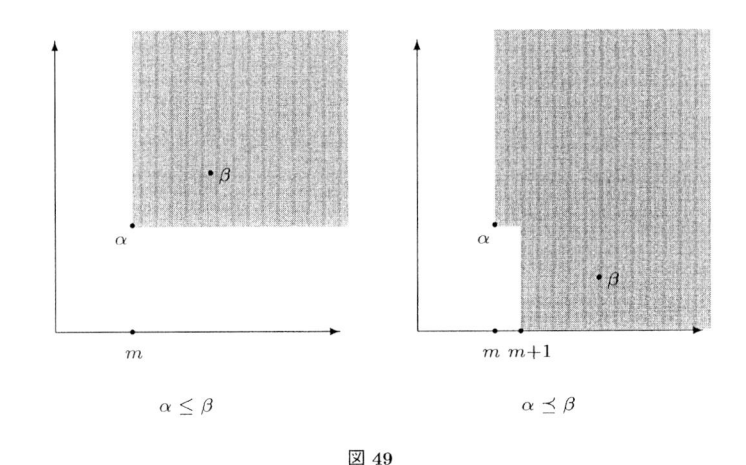

$\alpha \leq \beta$ $\qquad\qquad$ $\alpha \preceq \beta$

図 49

$\alpha \leq \beta$ ならば $\alpha \preceq \beta$ だけれど，逆は成り立たない．$\overline{\mathbf{N}}^2$ の 2 つの元 α と γ の加法は成分ごとに加えることとする．必ず $\alpha \leq \alpha + \gamma$ となり，逆に $\alpha \leq \beta$ ならば $\alpha + \gamma = \beta$ となる $\overline{\mathbf{N}}^2$ の元 γ がある．

問 47.1. なぜか．

辞書式順序のよいところは α と β があれば $\alpha \preceq \beta$ か $\beta \prec \alpha$ かどちらか必

ず定まることと，もう1つ大切なことは**整列順序**だということである．つまり $\overline{\mathbf{N}}^2$ の部分集合 S が与えられたら S の最小元が必ずあることである．S の元のうち，第1成分の最小なものを集め，その中で第2成分の最小なものを選べばよいからである．

さて $\overline{\mathbf{N}}^2$ の部分集合 L が**モノイデアル**とは

$$L \ni \alpha, \overline{\mathbf{N}}^2 \ni \beta \text{ ならば } L \ni \alpha + \beta$$

となることである．L のイメージを図示すると図50のようになる．

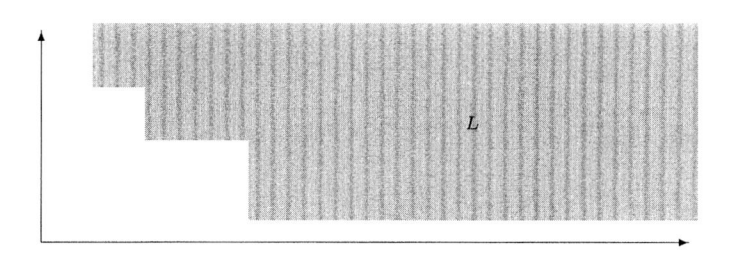

図50 モノイデアル

A を $\overline{\mathbf{N}}^2$ の部分集合とすると

$$mono(A) = \{\alpha + \beta \mid \alpha \in A, \beta \in \overline{\mathbf{N}}^2\}$$

はモノイデアルになる．なぜならば，$mono(A) \ni \alpha + \beta$ と $\overline{\mathbf{N}}^2 \ni \gamma$ に対して

$$(\alpha + \beta) + \gamma = \alpha + (\beta + \gamma), \ \beta + \gamma \in \overline{\mathbf{N}}^2$$

となるからである．また A を含むモノイデアルは必ず $mono(A)$ を含む．A が有限集合で $L = mono(A)$ のとき，L は**有限生成**といい，L は A で**生成される**，という．モノイデアルは図50より暗示されるように必ず有限生成である：

命題 47.1. モノイデアルは有限生成．

証明 L の辞書式順序に関する最小元を $\alpha_1 = (m_1, n_1)$ とする．

$$L_1 = \{(m, n) \in L \mid m_1 < m, \ n_1 > n\}$$

とする．L が $\{\alpha_1\}$ で生成されなければ，L_1 は空集合ではない．L_1 が空集合でなければ L_1 の最小元を $\alpha_2 = (m_2, n_2)$ とする．次に L が $\{\alpha_1, \alpha_2\}$ で生成されなければ

$$L_2 = \{(m,n) \in L \mid m_2 < m,\ n_2 > n\}$$

は空集合でない．よってその最小元を $\alpha_3 = (m_3, n_3)$ とする．以下同様に $\alpha_4, \alpha_5, \ldots$ と作っていくと，

$$n_1 > n_2 > n_3 > \ldots \geq 0$$

であるからいつか必ず終わる．つまり L は有限生成である．（証終）

この命題を使うとモノイデアルの単調増加列は必ず止まることがわかる：

命題 47.2. $L_1 \subset L_2 \subset \ldots$，$L_i$ は L_{i+1} の真の部分集合，とモノイデアルが無限に続くことはない．

証明 $L = \bigcup L_i$ とモノイデアルの和集合を作る．$L \ni \alpha$，$\overline{\mathbf{N}}^2 \ni \beta$ に対して α が和集合に入ることより $\alpha \in L_i$ となる L_i がある．よって L_i がモノイデアルより $L_i \ni \alpha + \beta$ となり，$L \ni \alpha + \beta$ となる．つまり L はモノイデアルである．モノイデアルならば命題 47.1 より有限生成なので，L は $\{\alpha_1, \alpha_2, \ldots, \alpha_t\}$ より生成されるとする．$\alpha_i \in L$ なので $\alpha_i \in L_j$ となる L_j がある．L_j は単調増加列なので，$\alpha_1, \alpha_2, \ldots, \alpha_t$ 全部を含む L_j がある．L は $\{\alpha_1, \alpha_2, \ldots, \alpha_t\}$ で生成されるのだから，$L \subset L_j$ となる．つまり無限に続くことはない．（証終）

§48. グレブナー基底

$\mathbf{Q}[x,y]$ の多項式 $f(x,y)$ は単項式の和である．

$$f(x,y) = a_{m,n} x^m y^n + \cdots$$

と (m,n) が $\preceq$ で大きなものから書くことにする．$a_{m,n} x^m y^n$ を最高次の項といい，$\alpha = (m,n)$ を $f(x,y)$ の**次数** (degree) と呼ぶことにする．記号で $\alpha = d(f)$ と書くことにする．また次数の大小関係は，特に断りがなければ，辞

書式順序を使うことにする．$\mathbf{Q}[x,y]$ の部分集合 S に対して

$$d(S) = \{d(f) \mid f \in S\} \subset \overline{\mathbf{N}}^2$$

と定める．つまり S の元の次数を集めたものである．$\mathbf{Q}[x,y]$ の部分集合 I で

$$I \ni f(x,y),\ I \ni g(x,y) \Longrightarrow I \ni f(x,y) + g(x,y)$$

$$I \ni f(x,y),\ \mathbf{Q}[x,y] \ni h(x,y) \Longrightarrow I \ni h(x,y)f(x,y)$$

が成り立つとき，I を**イデアル**という．$\mathbf{Q}[x,y]$ の元 $f_1(x,y)$, $f_2(x,y)$, $\ldots, f_t(x,y)$ に対して，その1次結合よりできる集合

$$I = \{h_1(x,y)f_1(x,y) + \cdots + h_t(x,y)f_t(x,y) \mid h_i(x,y) \in \mathbf{Q}[x,y]\}$$

はイデアルである．なぜなら $f(x,y) \in I$ ならば，

$$f(x,y) = h_1(x,y)f_1(x,y) + \cdots + h_t(x,y)f_t(x,y)$$

となる $h_i(x,y)$ が存在する．$h(x,y) \in \mathbf{Q}[x,y]$ のとき，両辺を $h(x,y)$ 倍すると

$$h(x,y)f(x,y) = \{h(x,y)h_1(x,y)\}f_1(x,y) + \cdots + \{h(x,y)h_t(x,y)\}f_t(x,y)$$

となり，$h(x,y)h_i(x,y)$ は $\mathbf{Q}[x,y]$ の元なので，$h(x,y)f(x,y)$ も I の元である．同様に $I \ni f, g$ ならば $I \ni f+g$ となる．

問 48.1. 証明せよ．

よって I はイデアルである．このことを使うと，I の元の次数を集めた $d(I)$ はモノイデアルとなる：

命題 48.1. I をイデアルとすれば，$d(I)$ はモノイデアルである．

証明 $d(I) \ni \alpha = (m,n)$, $\overline{\mathbf{N}}^2 \ni \beta = (p,q)$ とする．$\alpha = d(f)$, $f \in I$ と書けるので，$f(x,y) = a_{m,n}x^m y^n + \cdots$ となる $f(x,y)$ が I の中にある．$x^p y^q$ 倍しても I の元なので，$x^p y^q f(x,y) = a_{m,n} x^{m+p} y^{n+q} + \cdots$ が I の元とな

り，この次数は $(m+p, n+q) = \alpha + \beta$ となる．つまり $\alpha + \beta \in d(I)$ となり，$d(I)$ がモノイデアルであることがわかった．(証終)

イデアル I が $f_1, f_2, \ldots, f_t$ より生成されるとき，$I = \langle f_1, f_2, \ldots, f_t \rangle$ と書く．また I が有限集合 G より生成されるとき，$I = \langle G \rangle$ と書く．どのようなイデアルも有限生成であることを次の命題48.2で証明しよう．$d(I)$ は命題 48.1 よりモノイデアルであるから命題 47.1 より $d(I)$ は有限生成である．$\alpha_i = (m_i, n_i)$, $1 \leq i \leq t$ より生成されるとしよう．そのとき $d(I)$ の定義より

$$g_i(x, y) = x^{m_i} y^{n_i} + \cdots, \quad d(g_i) = (m_i, n_i)$$

となる $g_1, g_2, \ldots, g_t$ が I の中にある．I の元を定数で割っても I の元だから最高次の係数は 1 とできるからである．$G = \{g_1, g_2, \ldots, g_t\}$ とすると $d(G) = \{\alpha_1, \alpha_2, \ldots, \alpha_t\}$ なので

$$mono\,(d(G)) = mono\{\alpha_1, \alpha_2, \ldots, \alpha_t\} = d(I)$$

となる．一般に I の有限部分集合 G で，G の元の最高次の係数が 1 であり，$d(I) = mono\,(d(G))$ となるとき，G を I の**グレブナー基底**という．よってどのイデアルに対してもグレブナー基底が存在する．次の命題が証明できるので基底という言葉を使うのである：

命題 48.2. $d(I) = mono\,(d(G))$ ならば $I = \langle G \rangle$

この命題を証明するために，$f(x, y)$ を $G = \{g_1, g_2, \ldots, g_t\}$ で割る，という操作を考えよう．1変数の場合，$f(x) = ax^n + \cdots$, $g(x) = x^m + \cdots$ のとき，$n \geq m$ の場合は $f(x) - ax^{n-m}g(x)$ という操作を何回も行うことであった．2変数の場合も同様で，$f(x, y) = ax^m y^n + \cdots$ のとき，もし $g_i(x, y) = x^p y^q + \cdots$, $(m, n) \geq (p, q)$ なる $g_i(x, y)$ があれば，$f(x, y) - ax^{m-p} y^{n-q} g_i(x, y)$ という操作を繰り返すことである．$(m, n) \geq (p, q)$ となる $g_i(x, y)$ があるということは $d(f) \in mono\,(d(G))$ となることである．よって2変数の場合の割り算を流れ図的に書くと次のようになる．

(1) $\quad r(x, y) \longleftarrow f(x, y)$

(2) $r(x,y) \neq 0$ かつ $d(r) \in mono\,(d(G))$ か？ もし成立するならば，(3) へ進み，成立しなければ，(4) へ飛べ．

(3) $d(r) \geq d(g_i)$ なる g_i があるので

$$r(x,y) = ax^m y^n + \cdots, \ g_i(x,y) = x^p y^q + \cdots \text{に対して}$$

$$r(x,y) \longleftarrow r(x,y) - ax^{m-p} y^{n-q} g_i(x,y)$$

とする．このとき最高次の項は消えるので，$d\,(r(x,y)) \prec (m,n)$ となる．$h_i(x,y) = ax^{m-p} y^{n-q}$ とおく．次に，(2) へ戻る．

(4) $r(x,y)$ を f を G で割った余り (remainder) といい，$r(x,y) = rem(f,G)$ と表す．添え字の順を適当に付け替えると

$$f(x,y) = h_1(x,y)g_1(x,y) + \cdots + h_s(x,y)g_s(x,y) + r(x,y)$$
$$d(f) = d(h_1 g_1) \succ d(h_2 g_2) \succ \cdots \succ d(h_s g_s)$$

となっている．$r(x,y) \neq 0$ ならば $d(r) \notin mono\,(d(G))$ である．

以上が 2 変数の割り算のアルゴリズムである．$\preceq$ は辞書式順序なので，必ず (2) よりいつかは (4) へ進む．

問 48.2. もう少し詳しく (4) へ進む理由を述べよ．

命題 48.2 の証明 $I \ni f(x,y)$ に対して，$r(x,y) = rem(f,G)$ とする．$r(x,y) \neq 0$ ならば，r は f と $g_1, \ldots, g_t$ の 1 次結合なので I の元となり，$d(r) \notin mono\,(d(G)) = d(I)$ と矛盾してしまう．よって $r(x,y) = 0$ となり，$f(x,y)$ は g_i の 1 次結合になる．つまり $I = \langle G \rangle$ となる．(証終)

グレブナー基底の強力な点は，$\mathbf{Q}[x,y] \ni f(x,y)$ に対して，$f(x,y) \in I$ か否かは $rem(f,G) = 0$ か否かで判定できるからである．つまり次の定理が成立する．

定理 48.1. G をイデアル I のグレブナー基底とすると，$\mathbf{Q}[x,y] \ni f(x,y)$ に対して $f(x,y) \in I$ となる必要十分条件は $rem(f,G) = 0$．

証明 $f(x,y) \in I$ ならば，命題 48.1 の証明より $rem(f,G) = 0$ とな

る．逆に $rem(f,G) = 0$ ならば，割り算のアルゴリズムの (4) において $f(x,y)$ は $g_1,\ldots,g_t$ の 1 次結合になる．(証終)

よってどのように具体的に G を求めるか，というのが問題である．存在は示されたが，どのように求めるかは別問題である．

§49. グレブナー基底の求め方

$\overline{\mathbf{N}}^2$ の 2 つの元 $\alpha = (m,n)$, $\beta = (p,q)$ に対して $\alpha \leq \beta$ でも $\alpha > \beta$ でもないことが多い．よって 2 つの多項式 $f(x,y)$ と $g(x,y)$ の割り算ができない．少しでも割り算に近いことをするために，$f(x,y)$ と $g(x,y)$ に単項式を掛け，最高次の項を等しくしてから引き算を行う，という**擬割り算**が考えられる．文字が多くなると見通しが悪くなるので，$\alpha = (m,n)$ のとき $a_{m,n} = a_\alpha$, $x^m y^n = X^\alpha$ と書くことにしよう．X で x と y の組を表しているわけである．また $m \vee p$ で m と p の大きい方を表すことにする．つまり $m \vee p = \max\{m,p\}$ である．$\alpha \vee \beta = (m \vee p, n \vee q)$ とする．よって $\alpha \leq \alpha \vee \beta$, $\beta \leq \alpha \vee \beta$ であり，$\alpha \leq \gamma$, $\beta \leq \gamma$ ならば $\alpha \vee \beta \leq \gamma$ である．さて

$$f(X) = f(x,y) = a_{m,n}x^m y^n + \cdots = a_\alpha X^\alpha + \cdots$$
$$g(X) = g(x,y) = b_{p,q}x^p y^q + \cdots = b_\beta X^\beta + \cdots$$

に対して擬割り算を行い**擬剰余**を

$$f(X) \vee g(X) = b_\beta X^{\alpha \vee \beta - \alpha} f(X) - a_\alpha X^{\alpha \vee \beta - \beta} g(X)$$

と定義しよう．そのとき最高次の項が消えるので

$$d(f \vee g) \prec d(f) \vee d(g)$$

となる．$I = \langle G \rangle$ のとき，G がグレブナー基底であるか否か，に関して次の定理が成り立つ．

定理 49.1. $g_1, g_2, \ldots, g_t$ が最高次の係数が 1 で，$G = \{g_1, \ldots, g_t\}$, $I = \langle G \rangle$ のとき，次の 3 つの条件は同値である．

(1) $d(I) = mono\,(d(G))$

(2) I のどの元 f に対しても $rem(f, G) = 0$

(3) G の元 g_i, g_j に対して $g_i \vee g_j \in I$ より $g_1, \ldots, g_t$ の 1 次結合で表せるが,さらに強く

$$g_i \vee g_j = h_1 g_1 + \cdots + h_t g_t$$

$$d(h_\ell g_\ell) \prec d(g_i) \vee d(g_j) \ (1 \leq \ell \leq t)$$

と表せる.

証明 定理 48.1 より (1) ならば (2) が得られる.(2) が成り立つとき, $g_i \vee g_j$ を G で割り算をすると,割り算のアルゴリズム (4) より,余りが 0 なので,

$$g_i \vee g_j = h_1(X) g_1(X) + \cdots + h_s(X) g_s(X)$$

$$d(g_i \vee g_j) = d(h_1 g_1) \succ \cdots \succ g(h_s g_s)$$

となり,$d(g_i \vee g_j) \prec d(g_i) \vee d(g_j)$ より (3) が成り立つ.次に (3) が成立するとしよう.I の元 f は $g_1, \ldots, g_t$ の 1 次結合になるが,表し方はいろいろある.なるべく次数が小さい表し方をして

$$f(X) = h_1 g_1 + h_2 g_2 + \cdots + h_t g_t$$

とする.つまり $\max\{d(h_i g_i) \mid 1 \leq i \leq t\}$ が最小になるようにする.このとき添え字を適当に付け替えて

$$\alpha = d(h_1 g_1) = d(h_2 g_2) = \cdots = d(h_\ell g_\ell) \succ d(h_i g_i) \quad (\ell + 1 \leq i)$$

とする.つまりはじめの ℓ 個が次数が大きく他は次数が小さい,とする.このような表し方の中でのさらに ℓ が最小になるような表し方とする.このとき $\ell = 1$ を示す.このことがいえたならば $d(f) = d(h_1 g_1) \in mono\,(d(G))$ となり,(1) がいえる.$\ell \geq 2$ のときは最高次の項が打ち消し合って $d(f) \prec \alpha$ かもしれない.もし $\ell \geq 2$ ならば,$\beta_1 = d(g_1) \leq \alpha$, $\beta_2 = d(g_2) \leq \alpha$ なので $\beta_1 \vee \beta_2 \leq \alpha$ である.

$$h_1 = c_{\alpha-\beta_1} X^{\alpha-\beta_1} + \cdots$$

とすると

$$h_1 g_1 - c_{\alpha-\beta_1} X^{\alpha-\beta_1 \vee \beta_2} g_1 \vee g_2$$
$$= c_{\alpha-\beta_1} X^{\alpha-\beta_1} g_1 + \cdots - c_{\alpha-\beta_1} X^{\alpha-\beta_1 \vee \beta_2} (X^{\beta_1 \vee \beta_2 - \beta_1} g_1 - X^{\beta_1 \vee \beta_2 - \beta_2} g_2)$$
$$= c_{\alpha-\beta_1} X^{\alpha-\beta_2} g_2 + \cdots$$

となる.よって

$$f(X) = c_{\alpha-\beta_1} X^{\alpha-\beta_1 \vee \beta_2} g_1 \vee g_2 + c_{\alpha-\beta_1} X^{\alpha-\beta_2} g_2 + \cdots + h_2 g_2 + \cdots + h_t g_t$$

となり仮定より

$$X^{\alpha-\beta_1 \vee \beta_2} g_1 \vee g_2$$
$$= X^{\alpha-\beta_1 \vee \beta_2} (k_1 g_1 + \cdots + k_t g_t)$$
$$= X^{\alpha-\beta_1 \vee \beta_2} k_1 g_1 + \cdots + X^{\alpha-\beta_1 \vee \beta_2} k_t g_t$$

のどの項も

$$d(X^{\alpha-\beta_1 \vee \beta_2} k_i g_i) = \alpha - \beta_1 \vee \beta_2 + d(k_i g_i)$$

となり仮定より

$$\prec \alpha - \beta_1 \vee \beta_2 + d(g_1) \vee d(g_2) = \alpha$$

となるので,ℓ を少なくとも 1 つ小さくしてもよいわけである.よって $\ell = 1$ が示された.ここで注意しなければいけないことは,たとえば $\ell = 2$ かつ h_2 の最高次の係数が $-c_{\alpha-\beta_1}$ のとき,$\ell = 0$ となる危険性である.しかし,もし打ち消し合ったら,なるべく次数が小さい表し方に反する.よってそのような危険性はない. (証終)

この定理を使うと,グレブナー基底を求めるアルゴリズムは次の流れ図となる.
(1) G の中に $r = rem(g_i \vee g_j, G) \neq 0$ となる g_i と g_j があるか? あれば (2) へ進み,なければ (3) へ飛べ.
(2) $G \leftarrow G \cup \{r\}$ とし,(1) へ戻れ.

(3) すべての $g_i, g_j \in G$ に対して $rem(g_i \vee g_j, G) = 0$ なので,割り算のアルゴリズム (4) より

$$g_i \vee g_j = h_1 g_1 + \cdots + h_s g_s$$

$$d(g_i) \vee d(g_j) \succ d(g_i \vee g_j) = d(h_1 g_1) \succ \cdots \succ d(h_s g_s)$$

となり,定理 49.1 の (3) より G がグレブナー基底となる.

このアルゴリズムにおいて,いつか必ず (3) へ飛ぶのは,$r \neq 0$ ならば $d(r) \notin mono(d(G))$ より

$$mono(d(G)) \text{ は } mono(d(G \cup \{r\})) \text{ の真の部分集合}$$

となり,モノイデアルの単調増加列は命題 47.2 より必ず止まるからである.

以下,例を挙げる.

イデアル I が $g_1(x,y) = x^3 - 2xy$, $g_2(x,y) = x^2 y + x - 2y^2$ で生成されているとする.$\beta_1 = d(g_1) = (3,0)$, $\beta_2 = d(g_2) = (2,1)$ である.$G = \{g_1, g_2\}$ とする.

$$\begin{aligned} g_1 \vee g_2 &= y g_1 - x g_2 \\ &= (x^3 y - 2xy^2) - (x^3 y + x^2 - 2xy^2) \\ &= -x^2 \end{aligned}$$

$\beta_3 = d(x^2) = (2,0)$ は $\beta_3 \prec \beta_1$, $\beta_3 \prec \beta_2$ であるから $rem(g_1 \vee g_2, G) = -x^2$ となる.よって $g_3(x,y) = x^2$ として $G = \{g_1, g_2, g_3\}$ とする.

$$\begin{aligned} g_1 \vee g_3 &= g_1 - x g_3 \\ &= (x^3 - 2xy) - x^3 = -2xy \end{aligned}$$

$\beta_4 = d(xy) = (1,1)$ は $\beta_1, \beta_2, \beta_3$ より小さいので $rem(g_1 \vee g_3) = -2xy$ である.よって $g_4 = xy$ として $G = \{g_1, g_2, g_3, g_4\}$ とする.

$$\begin{aligned} g_1 \vee g_4 &= y g_1 - x^2 g_4 \\ &= (x^3 y - 2xy^2) - x^3 y = -2xy^2 = -2y g_4 \end{aligned}$$

よって $rem(g_1 \vee g_4, G) = 0$ である.

$$g_2 \vee g_3 = g_2 - yg_3$$
$$= (x^2y + x - 2y^2) - x^2y$$
$$= x - 2y^2$$

$\beta_5 = d(x - 2y^2) = (1, 0)$ は $\beta_1, \ldots, \beta_4$ より小さいので $rem(g_2 \vee g_3, G) = x - 2y^2$ となる. $g_5 = x - 2y^2$, $G = \{g_1, g_2, g_3, g_4, g_5\}$ とする.

$$g_1 \vee g_5 = g_1 - x^2 g_5$$
$$= (x^3 - 2xy) - (x^3 - 2x^2y^2)$$
$$= 2x^2y^2 - 2xy = (2xy - 2)g_4$$

よって $rem(g_1 \vee g_5, G) = 0$ となる.

$$g_2 \vee g_4 = g_2 - xg_4$$
$$= (x^2y + x - 2y^2) - x^2y$$
$$= x - 2y^2 = g_5$$
$$\therefore rem(g_2 \vee g_4, G) = 0$$

$$g_2 \vee g_5 = g_2 - xyg_5$$
$$= (x^2y + x - 2y^2) - (x^2y - 2xy^3)$$
$$= x - 2y^2 + 2xy^3 = g_5 + 2y^2 g_4$$
$$\therefore rem(g_2 \vee g_5, G) = 0$$

$$g_3 \vee g_4 = yg_3 - xg_4 = x^2y - x^2y = 0$$
$$\therefore rem(g_3 \vee g_4, G) = 0$$

$$g_3 \vee g_5 = g_3 - xg_5 = x^2 - (x^2 - 2xy^2) = 2xy^2 = 2yg_4$$
$$\therefore rem(g_3 \vee g_5, G) = 0$$

そろそろ終わりかけたな,と思いながら $g_4 \vee g_5$ を計算する.

$$g_4 \vee g_5 = g_4 - yg_5 = xy - (xy - 2y^3) = 2y^3$$

§49. グレブナー基底の求め方

図 51 では $d(I)$ と $\beta_1,\ldots,\beta_6$ および

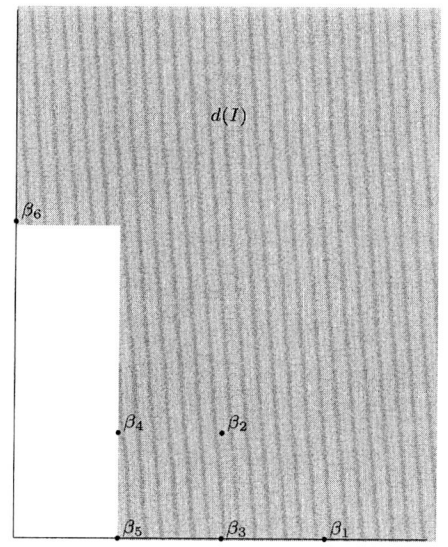

$$g_1 = x^3 - 2xy$$
$$g_2 = x^2y + x - 2y^2$$
$$g_3 = x^2$$
$$g_4 = xy$$
$$g_5 = x - 2y^2$$
$$g_6 = y^3$$

図 51

$\beta_6 = d(2y^3) = (0,3)$ は $\beta_1,\ldots,\beta_5$ より小さい。よって $rem(g_4 \vee g_5, G) = 2y^3$ となり $g_6 = y^3$, $G = \{g_1, g_2, g_3, g_4, g_5, g_6\}$ として計算を続けなければいけない.

$$g_1 \vee g_6 = y^3 g_1 - x^3 g_6 = (x^3 y^3 - 2xy^4) - x^3 y^3$$
$$= -2xy^4 = -2y^3 g_4$$
$$\therefore rem(g_1 \vee g_6, G) = 0$$
$$g_2 \vee g_6 = y^2 g_2 - x^2 g_6 = (x^2 y^3 + xy^2 - 2y^4) - x^2 y^3$$
$$= xy^2 - 2y^4 = yg_4 - 2yg_6$$
$$\therefore rem(g_2 \vee g_6, G) = 0$$
$$g_3 \vee g_6 = y^3 g_3 - x^2 g_6 = x^2 y^3 - x^2 y^3 = 0$$
$$\therefore rem(g_3 \vee g_6, G) = 0$$
$$g_4 \vee g_6 = y^2 g_4 - x g_6 = xy^3 - xy^3 = 0$$
$$\therefore rem(g_4 \vee g_6, G) = 0$$

$$g_5 \vee g_6 = y^3 g_5 - x g_6 = xy^3 - 2y^5 - xy^3$$
$$= -2y^5 = -2y^2 g_6$$
$$\therefore rem(g_5 \vee g_6, G) = 0$$

これでやっとグレブナー基底が $\{g_1, g_2, g_3, g_4, g_5, g_6\}$ であることがわかった.しかし,この基底は余分なものが多い.$d(I) = mono(d(G))$ でありさえすればよいのだから $\beta_5 < \beta_1, \beta_2, \beta_3, \beta_4$ より $\beta_1, \ldots, \beta_4$ を取り除いてもよい.よって**極小グレブナー基底** $\{g_5, g_6\}$ が得られた.

以上の計算は真面目過ぎる.計算で苦労すると,より能率的な方法が見付かる.なるべく次数の小さい多項式を求めればよいはずだから,G の中で割り算をできるだけ実行する.つまり次のようになる.

$$(x^3 - 2xy) \vee (x^2 y + x - 2y^2) = -x^2$$

$$I = \langle x^3 - 2xy,\ x^2 y + x - 2y^2,\ x^2 \rangle$$
$$\quad x^2\ \text{で割り算をして}$$
$$= \langle -2xy,\ x - 2y^2,\ x^2 \rangle$$
$$= \langle xy,\ x - 2y^2,\ x^2 \rangle$$
$$\quad x - 2y^2\ \text{で割り算をして}$$
$$= \langle 2y^2 \cdot y,\ x - 2y^2,\ (2y^2)^2 \rangle$$
$$= \langle y^3,\ x - 2y^2,\ y^4 \rangle$$
$$= \langle y^3,\ x - 2y^2 \rangle$$
$$y^3 \vee (x - 2y^2) = xy^3 - y^3(x - 2y^2) = 2y^2 \cdot y^3$$

よって $\{y^3,\ x - 2y^2\}$ がグレブナー基底である.

$I = \langle x - 2y^2, y^3 \rangle$ となったので,$f(x, y)$ が I に入るか否かはすぐわかる.$x - 2y^2$ で割ると余りが $f(2y^2, y)$ となるので,これが y^3 で割れるか否か見ればよいからである.

検算をすると

$$g_3 = -yg_1 + xg_2$$
$$g_4 = -\frac{1}{2}g_1 + \frac{x}{2}g_3$$
$$g_5 = g_2 - yg_3$$
$$g_6 = \frac{1}{2}g_4 - \frac{y}{2}g_5$$

となるから $I = \langle g_1, g_2 \rangle \supseteq \langle g_5, g_6 \rangle$ であるが，逆に g_1, g_2 を $\{g_5, g_6\}$ で割り算をすると，

$$g_1(2y^2, y) = 8y^6 - 4y^3 = (8y^3 - 4)y^3$$
$$g_2(2y^2, y) = 4y^5 + 2y^2 - 2y^2 = 4y^5 = 4y^2 y^3$$

より $\langle g_1, g_2 \rangle \subseteq \langle g_5, g_6 \rangle$ もわかる．よって $\langle g_1, g_2 \rangle = \langle g_5, g_6 \rangle$ となり，検算は終わった．

問 49.1. x と y の役割を交代して，辞書式順序を y を x に優先させても，すべて同じことが成立する．この順序でこの例のグレブナー基底を求めよ．

さてこのイデアル $\langle g_5, g_6 \rangle$ は**単項イデアル**ではない．単項イデアルとは 1 つの元により生成されるイデアルである．

定理 49.2. イデアル I が単項イデアルである必要十分条件は，極小グレブナー基底 G が 1 つの元よりできていることである．

証明 $G = \{g\}$ ならば $I = \langle g \rangle$ より I は単項イデアルであり，逆に $I = \langle g \rangle$ ならば I のどの元 f も g の倍数となり，$f = gh$ ならば $d(f) = d(g) + d(h) \geq d(g)$ より $d(I) = mono(d(g))$ となり，$\{g\}$ が極小グレブナー基底となる．(証終)

y の有理式全体を $\mathbf{Q}(y)$ と表す．$\mathbf{Q}(y)$ 係数の x の多項式全体を $\mathbf{Q}(y)[x]$ と表す．g_6 が y だけの多項式であり，g_6 が g_1 と g_2 の 1 次結合で表されるので，$g_6 = h_1 g_1 + h_2 g_2$ となり，両辺を g_6 で割ると $H_1 g_1 + H_2 g_2 =$

1, H_1 と H_2 は $\mathbf{Q}(y)[x]$ の元となる．つまり次の定理が成り立つ．

定理 49.3. $g_1(x,y)$ と $g_2(x,y)$ を $\mathbf{Q}(y)[x]$ の中の x の多項式と思うとき，g_1 と g_2 が互いに素である必要十分条件は $I=\langle g_1, g_2\rangle$ の極小グレブナー基底の中に $\mathbf{Q}[y]$ の元が含まれることである．

証明 もし g_1 と g_2 が互いに素ならば，$H_1 g_1 + H_2 g_2 = 1$ となる H_1 と H_2 が $\mathbf{Q}(y)[x]$ の中にある．H_1 と H_2 の分母を払うと $h_1 g_1 + h_2 g_2 = h(y)$ となり $d(h) = (0, m)$ という形となり，グレブナー基底の元の中には $d(g) \leq (0, m)$ なる g がある．このとき g は y のみの多項式となる．(証明終)

この定理の極小グレブナー基底の元は g_1 と g_2 の 1 次結合で表される最低次の y の多項式である．この定理より $g_1(x,y)$ と $g_2(x,y)$ が $\mathbf{Q}[x,y]$ の中で共通因子を持つか否か判定できる．(y を優先した辞書式順序も用いる．)

問 49.2. 判定できることを示せ．また $x^3 - 2xy$ と $x^2 y + x - 2y^2$ が共通因子を持たないことをこの判定法で示せ．

その他グレブナー基底を応用すると，多項式に関するさまざまな問題が解ける．

3 変数の場合，辞書式順序が，x が y に優先し，y が z に優先する，と訂正すればあとはすべてうまくいく．計算量が増えるので，少し工夫しながら例を使って説明しよう．

$$I = \langle x - yz^4,\ xy^2 - xz + y,\ xy - z^2\rangle$$

のとき，2 番目と 3 番目を 1 番目で割り，余りに置き換えても I を生成する．つまり x を yz^4 と置き換えてもよい．

$$(yz^4)y^2 - (yz^4)z + y = y^3 z^4 - yz^5 + y$$
$$(yz^4)y - z^2 = y^2 z^4 - z^2$$

さらに次数の小さいものへと置き換えていく．

$$y^3z^4 - yz^5 + y = y(y^2z^4 - z^2) + yz^2 - yz^5 + y$$

よって $I = \langle x - yz^4,\ y^2z^4 - z^2,\ yz^5 - yz^2 - y\rangle$ である.

$$(y^2z^4 - z^2) \vee (yz^5 - yz^2 - y) = z(y^2z^4 - z^2) - y(yz^5 - yz^2 - y)$$
$$= -z^3 + y^2z^2 + y^2$$

よって $y^2z^2 + y^2 - z^3$ を I の生成元として付け加える.

$$y^2z^4 - z^2 = z^2(y^2z^2 + y^2 - z^3) - y^2z^2 + z^5 - z^2$$
$$= z^2(y^2z^2+y^2-z^3)-(y^2z^2+y^2-z^3)+y^2 - z^3 + z^5 - z^2$$
$$y^2z^2 + y^2 - z^3 = (y^2 + z^5 - z^3 - z^2)z^2 - z^7 + z^5 + z^4$$
$$+ (y^2 + z^5 - z^3 - z^2) - z^5 + z^2$$
$$= (y^2 + z^5 - z^3 - z^2)(z^2 + 1) - z^7 + z^4 + z^2$$

よって

$$I = \langle x - yz^4,\ y^2 + z^5 - z^3 - z^2, yz^5 - yz^2 - y, z^7 - z^4 - z^2\rangle$$

となるので

$$G = \{x - yz^4,\ y^2 + z^5 - z^3 - z^2,\ yz^5 - yz^2 - y,\ z^7 - z^4 - z^2\}$$

とおく.

$$(y^2 + z^5 - z^3 - z^2) \vee (yz^5 - yz^2 - y)$$
$$= z^5(y^2 + z^5 - z^3 - z^2) - y(yz^5 - yz^2 - y)$$
$$= z^{10} - z^8 - z^7 + y^2z^2 + y^2$$
$$= z^7(z^3 - z - 1) + (z^2 + 1)y^2$$
$$= z^7(z^3 - z - 1) + (z^2 + 1)(y^2 + z^5 - z^3 - z^2) - (z^2 + 1)z^2(z^3 - z - 1)$$
$$= (z^2 + 1)(y^2 + z^5 - z^3 - z^2) + (z^3 - z - 1)(z^7 - z^4 - z^2)$$

となり

$$rem((y^2 + z^5 - z^3 - z^2) \vee (yz^5 - yz^2 - y), G) = 0$$

となる．また

$$yz^5 - yz^2 - y = y(z^5 - z^2 - 1)$$
$$z^7 - z^4 - z^2 = z^2(z^5 - z^2 - 1)$$

より直ちに

$$(yz^5 - yz^2 - y) \vee (z^7 - z^4 - z^2) = 0$$

となる．次に $(y^2 + z^5 - z^3 - z^2) \vee (z^7 - z^4 - z^2)$ などを計算するのであるが，2つの多項式 g と h の最高次の項 g_1 と h_1 が互いに素なとき，$g = g_1 + g_2, h = h_1 + h_2$ と表すと

$$\begin{aligned} g \vee h &= (g_1 + g_2) \vee (h_1 + h_2) \\ &= (g_1 + g_2)h_1 - g_1(h_1 + h_2) \\ &= g_2 h_1 - g_1 h_2 \\ &= g_2(h_1 + h_2) - (g_1 + g_2)h_2 \\ &= g_2 h - h_2 g \end{aligned}$$

となることより，$rem(g \vee h, G) = 0$ となる．よってもはや計算する必要がなく，グレブナー基底が定まった．

この例の場合，3つの関係式 $x \equiv yz^4 \pmod{I}$, $xy^2 - xz + y \equiv 0$, $xy \equiv z^2$ より x と y を消去すると，$z^7 \equiv z^4 + z^2$ が得られるわけである．ここで2つの多項式 f, g に対して $f \equiv g \pmod{I}$ とは $f - g$ が I の元である，という意味である．

問 49.3. $g_1 = x^2 + y^2 + z^2 - 4$, $g_2 = x^2 + 2y^2 - 5$, $g_3 = xz - 1$, $I = \langle g_1, g_2, g_3 \rangle$ としたとき，I の極小グレブナー基底を求めよ．

§50. $f(x,y) = 0$ のグラフの描き方

$f(x,y) \in \mathbf{Q}[x,y]$ のとき，$f(x,y) = 0$ のグラフを描く1つの方法を示そう．小さな正方形 $x_0 \leq x \leq x_1$, $y_0 \leq y \leq y_1$ の周囲または内部に $f(x,y) = 0$

となる点があるか否か判定できれば,近似的に描けるであろう.正方形の周,たとえば $y = y_0$ のとき,$f(x, y_0) = 0$ が $x_0 \leq x \leq x_1$ の範囲に根があるか否かは**スツムルの定理**を使えばわかる (高木 [16]81-85 ページ参照).周囲に $f(x, y) = 0$ となる点がないとき,内部に $f(x, y) = 0$ となる点,たとえば孤立点があるかもしれない.そのような点で y 座標が最大な点は

$$f(x,y) = 0, \quad \frac{\partial}{\partial x} f(x,y) = 0$$

を満たす.$f(x, y)$ が既約ならば,$f(x, y)$ と $f_x(x, y)$ は共通な因子を持たないからグレブナー基底の中には y だけの多項式 $g(y)$ があり,

$$h(x,y)f(x,y) + k(x,y)f_x(x,y) = g(y), \quad h, k \in \mathbf{Q}[x,y]$$

となる.$f = 0, f_x = 0$ ならば $g(y) = 0$ なので y の可能性はわかる.$g(y_2) = 0$ としよう.$f(x, y_2) = 0, x_0 \leq x \leq x_1$ が解を持つか否かは,再びスツムルの定理を使えばわかる.よって正方形の内部に解があるか否かは能率よくわかるわけである.スツムルの定理とグレブナー基底を組合せて $f(x, y) = 0$ のグラフを描くこの方法は齋藤友克氏 [17] のアイディアである.$f(x, y, z) = 0$ の曲面の描き方も同じようにできるような気がする.

付　録

平方剰余の相互法則

§A. アイゼンシュタインの判定法

多項式 $f(x) = a_0 x^n + a_1 x^{n-1} + \cdots + a_n$, $a_i \in \mathbf{Z}$ の既約性の判定にアイゼンシュタインの判定法は便利である．ある素数 p があり，a_0 は p で割れないが，$a_1, \ldots, a_n$ は p で割れ，かつ a_n は p^2 では割れないとき，$f(x)$ は既約である，というのがアイゼンシュタインの判定法である．証明は，もし $f = g \cdot h$ となるならば，$\mathbf{F}_p$ 係数で考えても $f = g \cdot h$ となっている．$\mathbf{F}_p$ 係数では $f = a_0 x^n$ となり，$\mathbf{F}_p[x]$ の多項式の素因子分解の一意性より $g = bx^m$, $h = cx^{n-m}$ という形になる．$\mathbf{Z}[x]$ の世界へ戻れば g も h も常数項は p で割れ，よって f の常数項は p^2 で割れてしまう．よって f は既約である．

この判定法の応用として

$$f(x) = (x^p - 1)/(x - 1) = x^{p-1} + x^{p-2} + \cdots + x + 1$$

が既約であることがわかる．$x = y + 1$ とおくと，$F(y) = f(y+1)$ は

$$F(y) = \{(y+1)^p - 1\}/y = y^{p-1} + \binom{p}{1} y^{p-2} + \cdots + \binom{p}{p-1}$$

となり，$\binom{p}{1}, \ldots, \binom{p}{p-1}$ は p で割れ，$\binom{p}{p-1} = p$ は p^2 で割れないので，y の多項式として既約である．もし $f(x) = g(x)h(x)$ なら $x = y+1$ より $F(y) = f(y+1) = g(y+1)h(y+1)$ となり $F(x)$ が可約になる．よって $f(x)$ も既約である．

さて $f(x) = 0$ の 1 つの根を α とする．α の満たす最低次数の有理係数の多項式を $g(x)$ とする．他に α を根に持つ多項式 $h(x)$ があれば，$h(x)$ を $g(x)$ で割り

$$h(x) = g(x)q(x) + r(x), \ r(x) = 0 \quad \text{または} \quad \deg r(x) < \deg g(x)$$

としてから $x = \alpha$ とすると，$r(\alpha) = 0$ が得られる．$r(x)$ が 0 でないと $g(x)$ が最低次であることに反する．よって $h(x)$ は $g(x)$ の倍数となり，特に $f(x)$ は $g(x)$ で割り切れる．$f(x)$ が既約なことより $f(x) = g(x)$ またはその定数倍となる．つまり $f(x)$ は $f(\alpha) = 0$ となる最低次の多項式である．今有理数 a_i に対して

$$a_0 \alpha^{p-2} + a_1 \alpha^{p-3} + \cdots + a_{p-3} \alpha + a_{p-2} = 0$$

ならば，$h(x) = a_0 x^{p-2} + \cdots + a_{p-2}$ とおくと，$h(\alpha) = 0$ となる．よって $a_0 = a_1 = \cdots = a_{p-2} = 0$ でなければならない．よって $a_i, b_i \in \mathbf{Q}$ に対して

$$a_0 \alpha^{p-2} + a_1 \alpha^{p-3} + \cdots + a_{p-2} = b_0 \alpha^{p-2} + b_1 \alpha^{p-3} + \cdots + b_{p-2}$$

ならば，$a_i = b_i$ となる．つまり有理数を係数に持つ α の $p-2$ 次以下の多項式として表わされる数は 1 通りにしか表わされないわけである．$f(x) = x^{p-1} + x^{p-2} + \cdots + x + 1$ でなくても $f(x) = $ 既約ならば，同じことが言える．

§B. 第 2 補 充 法 則

$f(x) = x^4 + 1 = 0$ の根を α とする．

$$f(y+1) = (y+1)^4 + 1 = y^4 + 4y^3 + 6y^2 + 4y + 2$$

はアイゼンシュタインの判定法で $p = 2$ を使えば既約であることがわかる．よって有理数を係数に持つ 3 次以下の α の多項式で表される数は 1 通りにしか表されない．

さて $\alpha^4 = -1$ より $\alpha^2 + \alpha^{-2} = 0$ となり，$(\alpha + \alpha^{-1})^2 = 2$ となる．$\beta = \alpha + \alpha^{-1}$ とおけば $\beta^2 = 2$ となる．p を奇素数とする．

$$\beta^p = (\alpha + \alpha^{-1})^p \equiv \alpha^p + \alpha^{-p} \pmod{p}$$

となる．ここでの合同式は，差が

$$p(a_0 \alpha^3 + a_1 \alpha^2 + a_2 \alpha + a_3), \quad a_i \in \mathbf{Z}$$

という形になることを意味する．2 項係数は p で割れ，$\alpha^4 = -1$ より $\alpha^{-1} = -\alpha^3$ となるからである．

$p \equiv 1 \pmod{8}$ ならば，$\alpha^8 = 1$ を利用すると

$$\beta^p \equiv \alpha^p + \alpha^{-p} = \alpha + \alpha^{-1} = \beta \pmod{p}$$

となり，$p \equiv 7 \pmod{8}$ のときも，$\alpha^7 = \alpha^{-1}$ より $\beta^p \equiv \beta$ が得られる．$\beta^2 = 2$

よりオイラー規準を使うと

$$\beta^{p-1} = 2^{(p-1)/2} \equiv \left(\frac{2}{p}\right) \pmod{p}$$

となり，$\beta \equiv \beta^p \equiv \left(\frac{2}{p}\right)\beta$ より $\alpha - \alpha^3 \equiv \left(\frac{2}{p}\right)(\alpha - \alpha^3)$ となり，係数の差が p で割れることと表現の一意性より $1 \equiv \left(\frac{2}{p}\right) \pmod{p}$ となり，$\left(\frac{2}{p}\right)$ が 1 または -1 であることと，p が 3 以上の素数であることより $\left(\frac{2}{p}\right) = 1$ が得られた．

$p \equiv 5 \pmod{8}$ のときは $\alpha^4 = -1$ より

$$\beta^p \equiv \alpha^p + \alpha^{-p} = \alpha^5 + \alpha^{-5} = -\alpha - \alpha^{-1} = -\beta \pmod{p}$$

となる．$p \equiv 3 \equiv -5 \pmod{8}$ のときも $\beta^p \equiv -\beta$ となり，同じ議論で $\left(\frac{2}{p}\right) = -1$ となる．まとめると，

$$\left(\frac{2}{p}\right) = \begin{cases} 1 & p \equiv 1 \pmod{8} \text{ または } p \equiv 7 \pmod{8} \\ -1 & p \equiv 3 \pmod{8} \text{ または } p \equiv 5 \pmod{8} \end{cases}$$

という平方剰余の**第 2 補充法則**が証明されたわけである．**第 1 補充法則**は

$$\left(\frac{-1}{p}\right) = \begin{cases} 1 & p \equiv 1 \pmod{4} \\ -1 & p \equiv 3 \pmod{4} \end{cases}$$

というもので，すでに本文で証明されている．

§C. ガウスの和

p を奇素数，α を $\alpha^{p-1} + \alpha^{p-2} + \cdots + \alpha + 1 = 0$ を満たす数とすれば，

$$\alpha^p - 1 = (\alpha - 1)(\alpha^{p-1} + \alpha^{p-2} + \cdots + \alpha + 1) = 0$$

より $\alpha^p = 1$ となる．β を

$$\beta = \sum_{x=0}^{p-1} \left(\frac{x}{p}\right)\alpha^x = \left(\frac{0}{p}\right)\alpha^0 + \left(\frac{1}{p}\right)\alpha + \cdots + \left(\frac{p-1}{p}\right)\alpha^{p-1}$$

とする．ただし $\left(\frac{0}{p}\right) = 0$ と定める．この β が**ガウスの和**である．$\beta^2 = \left(\frac{-1}{p}\right)p$ を次に示す．

$$\beta^2 = \left(\sum_t \left(\frac{t}{p}\right)\alpha^t\right)\left(\sum_z \left(\frac{z}{p}\right)\alpha^z\right) = \sum_{t,z}\left(\frac{tz}{p}\right)\alpha^{t+z}$$

となるが，$t+z=u$ とおくと

$$\beta^2 = \sum_{t,u}\left(\frac{t(u-t)}{p}\right)\alpha^u$$

となる．ここで t を止めたとき u は t より $t+p-1$ まで動き，p 以上になることもあるが，$u=p+u'$ のとき，$\left(\dfrac{t(p+u'-t)}{p}\right) = \left(\dfrac{t(u'-t)}{p}\right)$，$\alpha^{p+u'} = \alpha^{u'}$ なので，u も 0 より $p-1$ まで動くと思ってよい．よって今度は u を止め，t を先に動かすと

$$\beta^2 = \sum_u \left(\sum_t \left(\frac{t(u-t)}{p}\right)\right)\alpha^u$$

となる．平方剰余記号は $\mathrm{mod}\ p$ だけに関係するので $t \neq 0$ のとき $t \cdot s_t \equiv 1 \pmod{p}$ となる s_t を 1 つ定めると

$$\left(\frac{t(u-t)}{p}\right) = \left(\frac{-t^2+tu}{p}\right) = \left(\frac{-t^2+t^2 s_t u}{p}\right)$$
$$= \left(\frac{-1}{p}\right)\left(\frac{t^2}{p}\right)\left(\frac{1-s_t u}{p}\right) = \left(\frac{-1}{p}\right)\left(\frac{1-s_t u}{p}\right)$$

となる．

$$c_u = \sum_{t=1}^{p-1}\left(\frac{1-s_t u}{p}\right)$$

とおくと

$$\beta^2 = \left(\frac{-1}{p}\right)\sum_{u=0}^{p-1} c_u \alpha^u$$

となる．$t=0$ のときは $\left(\dfrac{t(u-t)}{p}\right) = \left(\dfrac{0}{p}\right) = 0$ だから $t=0$ を抜かしてもよいからである．さて $u=0$ のとき，

$$c_0 = \sum_{t=1}^{p-1}\left(\frac{1}{p}\right) = p-1$$

となる．$s_t \equiv s_{t'}$ ならば $ts_t \equiv 1 \equiv t's_{t'} \equiv t's_t$ より $t=t'$ となってしまう．つまり s_t は t を動かすと $\mathrm{mod}\ p$ で 1 より $p-1$ まで動く．よって $u \neq 0$ ならば us_t も 1 より $p-1$ まで動く．よって $1-us_t$ は 1 以外の値を $\mathrm{mod}\ p$ ですべて動く．よって

$u \neq 0$ ならば
$$c_u = \sum_{s=0}^{p-1} \left(\frac{s}{p}\right) - \left(\frac{1}{p}\right)$$
となる．ここで $\left(\dfrac{0}{p}\right) = 0$ であり，$s \neq 0$ のとき，平方剰余と平方非剰余はともに $(p-1)/2$ 個あるので和は 0 となる．つまり $c_u = -1$ となる．よって
$$\left(\frac{-1}{p}\right)\beta^2 = (p-1) - (\alpha + \alpha^2 + \ldots + \alpha^{p-1})$$
$$= p - (1 + \alpha + \alpha^2 + \ldots + \alpha^{p-1}) = p$$
つまり $\beta^2 = \left(\dfrac{-1}{p}\right)p$ が得られた．

§D. 相互法則の証明

ここまでくれば相互法則の証明はすぐできる．q を p とは異なる奇素数とする．
$$\beta^{q-1} = (\beta^2)^{(q-1)/2} = (\pm p)^{(q-1)/2} \equiv \left(\frac{\pm p}{q}\right) \pmod{q}$$
であることがオイラーの規準より得られる．ここで複合 $\pm$ は $p \equiv 1 \pmod 4$ のときは $+$，$p \equiv -1 \pmod 4$ のときは $-$ である．よって
$$\beta^q \equiv \left(\frac{\pm p}{q}\right)\beta \pmod{q}$$
であるが
$$\beta^q = \left(\sum_{x=0}^{p-1}\left(\frac{x}{p}\right)\alpha^x\right)^q \equiv \sum \left(\frac{x}{p}\right)\alpha^{xq}$$
$$= \left(\frac{q}{p}\right)\sum\left(\frac{xq}{p}\right)\alpha^{xq} \pmod{q}$$
となる．x が 0 より $p-1$ まで動けば xq も $\bmod\, p$ で 0 より $p-1$ まで動くから
$$\beta^q \equiv \left(\frac{q}{p}\right)\sum_{y=0}^{p-1}\left(\frac{y}{p}\right)\alpha^y = \left(\frac{q}{p}\right)\beta \pmod{q}$$
より
$$\left(\frac{q}{p}\right)\beta \equiv \left(\frac{\pm p}{q}\right)\beta \pmod{q}$$
となり，表現の一意性を用いると，係数を比較して

§D. 相互法則の証明

$$\left(\frac{q}{p}\right) = \left(\frac{\pm p}{q}\right)$$

が得られる. $p \equiv 1 \pmod{4}$ であれば $\left(\frac{q}{p}\right) = \left(\frac{p}{q}\right)$ となり, $p \equiv 3 \pmod{4}$ のとき, $q \equiv 1 \pmod{4}$ のときは $\left(\frac{-1}{q}\right) = 1$ よりやはり $\left(\frac{q}{p}\right) = \left(\frac{p}{q}\right)$ となる. $p \equiv 3, q \equiv 3 \pmod{4}$ のときのみ $\left(\frac{-1}{q}\right) = -1$ より $\left(\frac{q}{p}\right) = -\left(\frac{p}{q}\right)$ となる. まとめると

$$\left(\frac{q}{p}\right) = \begin{cases} \left(\dfrac{p}{q}\right) & p \equiv 1 \pmod{4} \quad \text{または} \quad q \equiv 1 \pmod{4} \\ -\left(\dfrac{p}{q}\right) & p \equiv q \equiv 3 \pmod{4} \end{cases}$$

となり平方剰余の相互法則の証明は終わった.

問 の 略 解

第 1 章

1.1. 987=1111011011

1.2. 1100110011=819

2.1. $-1 + 2^{16} = 1111111111111111$, $-2^{15} + 2^{16} = 2^{15}$
$= 1000000000000000$, $-987 + 2^{16} = (2^{16} - 1 - 1111011011) + 1$
$= 1111110000100100 + 1 = 1111110000100101$.

3.1. $x = 2y + a + 2^{15} - 2^{16}$, $a = 0$ または 1 のとき, 右へ算術シフトすると, $y + 2^{14} + 2^{15} - 2^{16} = y + 2^{14} - 2^{15} = [x/2]$ となる.

5.1. $-2^{15} + 2^{16} = 2^{15}$. よって $2^{15} + 2^{15} = 2^{16}$ という計算が実行され, 一番左よりの桁上がりは 1, 2 番目よりの桁上がりは 0 となる.

6.1. なるべく仮数部を大きくすると, 丸められる相対誤差が小さくなる. $2^{34}/10 = 1717986918.4$ なので, $e = -34$, $x = 1717986918$ とすれば一番正確に表される.

第 2 章

7.1.

Start	load	A	stop	
	add	B	A	15
	store	A	B	1

7.2.

Start	load	A	subtract	C
	add	A	store	A
	subtract	B	stop	

7.3.

	Start	load	A	store	A	load	D
		store	D	load	C	store	C
		load	B	store	B	stop	

7.4.

	Start	load	A		load	B	M	load	A
		subtract	B	N	store	C		jump	N
		jump minus	M		stop				

7.5.

				subtract	A		jump minus	M
	load	B		jump minus	L		load	B
	subtract	A		load	A		store	D
	jump minus	K		store	D		load	C
	load	A		load	C		store	B
	store	D		store	A		load	D
	load	B		load	D		store	C
	store	A		store	C	M	stop	
	load	D	L	load	C			
K	store	B		subtract	B			
	load	C						

8.1.

	Start	load	A	add	A	add	A
		add	A	store	A	add	A
		store	A	add	A	add	B
		add	A	store	A	store	A
		store	A	add	A	stop	
		store	B	store	A		

9.1. 60 回.

問 の 略 解

10.1.

0		load	A	0010000000000101
1		add	B	0110000000000110
2		subtract	C	1000000000000111
3		store	A	0100000000000101
4		stop		1010000000000000
5	A	−500		1111111000001100
6	B	−1		1111111111111111
7	C	−32768		1000000000000000

10.2. M 番地が jump minus 0 より jump 0 と変化して 0 番地に飛ぶ．次に stop 0 と変化して止まる．

第 3 章

14.1.

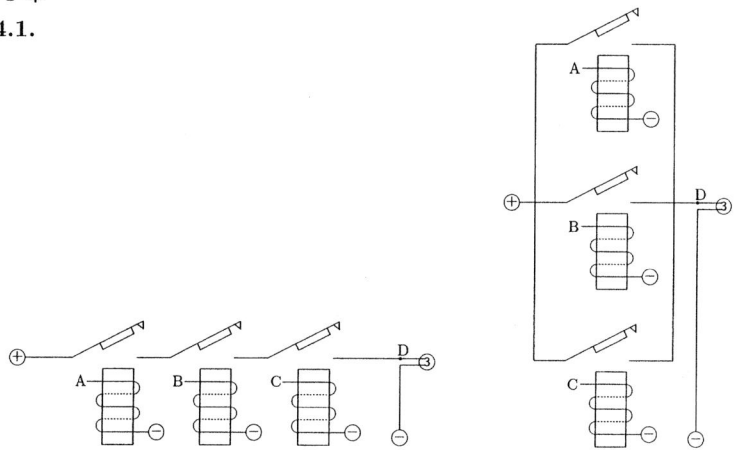

15.1. 7 の倍数は 0, 7, 14 のときである．ABCD は 0000, 0111, 1110 のときである．よって次のようになる．

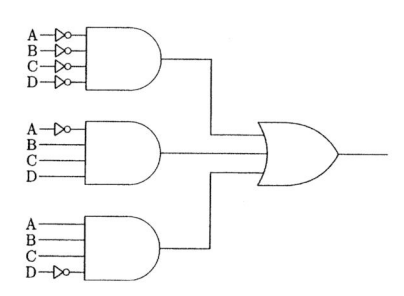

問 の 略 解

18.1. 図 23 において B と D が同時に $0, 1, 0, 1, \ldots$ と変化し，品質はまったくは同じでないので，やがてどちらかが 1 となり，他方が 0 となり安定する．

19.1. はじめに Q_0, Q_1, Q_2 がすべて 0 とすると，次のようになる．

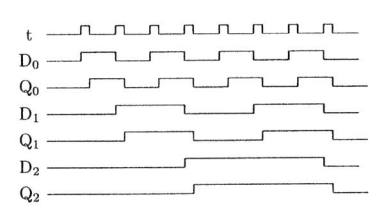

第 4 章

20.1.

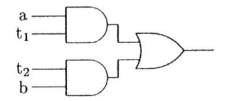

22.1. プログラムカウンタの右 1 ビット P_1 と命令レジスタの右 1 ビット O_1 のみを書くと次のようになる．

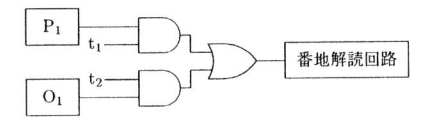

22.2. 前問同様プログラムカウンタの右 1 ビットのみを考える．図 38 の Q_0 より D_0 までを次のようにする．

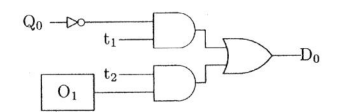

また図 45 のプログラムカウンタの C には t_1 と OR 回路で結んだ線を入力させる．

第5章

23.1. $a = mq_1 + r_1$, $b = mq_2 + r_2$, $0 \leq r_i < m$ とする. $a - b = m(q_1 - q_2) + (r_1 - r_2)$ なので, $a - b$ が m で割れることは $r_1 - r_2$ が m で割れることと同じである. $-m < r_1 - r_2 < m$ なので, $r_1 - r_2$ が m で割れることは $r_1 = r_2$ と同じである.

23.2. $f(x) = a_n x^n + a_{n-1} x^{n-1} + \cdots + a_0$ とする. $a \equiv b$ ならば, $c = a$, $d = b$ とすれば, $c \equiv d$ となり $a^2 = ac \equiv bd = b^2$ となる. 同様に $a^t \equiv b^t$ となる. 当然 $a_t \equiv a_t$ なので, $a_t a^t \equiv a_t b^t$ となる. t を 0 より n まで何回も加えて $f(a) \equiv f(b)$ が得られる.

23.3. $10 \equiv 1 \pmod 9$ なので $10^t \equiv 1^t = 1 \pmod 9$ となる. よって $987654321 = 9 \times 10^8 + 8 \times 10^7 + \cdots + 1 \equiv 9 + 8 + \cdots + 1 \pmod 9$.

また $10 \equiv -1 \pmod{11}$ なので, $10^t \equiv (-1)^t \pmod{11}$ となる. よって $987654321 = 9 \times 10^8 + 8 \times 10^7 + \cdots + 1 \equiv 9 - 8 + \cdots - 2 + 1 \pmod{11}$.

23.4. $17 = 13 \cdot 1 + 4$, $13 = 4 \cdot 3 + 1$. よって $1 = 13 - 4 \cdot 3 = 13 - (17 - 13 \cdot 1) \cdot 3 = 17 \cdot (-3) + 13 \cdot (1+3) = 17 \cdot (-3) + 13 \cdot 4$. よって $x = -3$, $y = 4$ が1組の答えである. 他の解 x_1, y_1 は $17x + 13y = 1 = 17x_1 + 13y_1$. よって $17(x - x_1) = 13(y_1 - y)$ となり $x - x_1$ が 13 で割れ, $x_1 = x + 13t$, $y_1 = y - 17t$ となる. t は整数全体を動く. これが解のすべてである.

23.5. $57 = 22 \cdot 2 + 13$, $22 = 13 + 9$, $13 = 9 + 4$, $9 = 4 \cdot 2 + 1$. よって $13 = 57 - 22 \cdot 2$, $9 = 22 - 13 = 22 - (57 - 22 \cdot 2) = 57(-1) + 22 \cdot 3$, $4 = 13 - 9 = 57 - 22 \cdot 2 - 22 \cdot 3 + 57 = 57 \cdot 2 - 22 \cdot 5$, $1 = 9 - 4 \cdot 2 = (-57 + 22 \cdot 3) - (57 \cdot 2 - 22 \cdot 5) \cdot 2 = 57(-5) + 22 \cdot 13$. 2倍して $2 = 57(-10) + 22 \cdot 26$, よって $x \equiv -10 \equiv 12 \pmod{22}$ が答え.

23.6.

+	0	1	2	3	4
0	0	1	2	3	4
1	1	2	3	4	0
2	2	3	4	0	1
3	3	4	0	1	2
4	4	0	1	2	3

×	0	1	2	3	4
0	0	0	0	0	0
1	0	1	2	3	4
2	0	2	4	1	3
3	0	3	1	4	2
4	0	4	3	2	1

24.1. $p = 3$, $2^2 - 1 = 3$. $p = 5$, $2^4 - 1 = 15 = 5 \cdot 3$. $p = 7$, $2^6 - 1 = 63 = 7 \cdot 9$. $p = 11$, $2^{10} - 1 = 1023 \equiv -1 - 2 + 3 = 0 \pmod{11}$. $p = 13$, $2^{12} - 1 = (2^4)^3 - 1 \equiv 3^3 - 1 = 26 \equiv 0 \pmod{13}$. $p = 17$, $2^{16} - 1 = (2^4)^4 - 1 \equiv (-1)^4 - 1 = 0$

(mod 17). $p = 19$, $2^{18} - 1 = (2^4)^4 \cdot 2^2 - 1 \equiv (-3)^4 \cdot 2^2 - 1 = (3^2 2)^2 - 1 \equiv (-1)^2 - 1 = 0 \pmod{19}$.

24.2. $n = 11, 13, 17, 19$ のときは $\varphi(n) = n - 1$. $n = 10 = 2 \cdot 5$, $14 = 2 \cdot 7$, $15 = 3 \cdot 5$ のときは $\varphi(10) = 1 \cdot 4 = 4$, $\varphi(14) = 1 \cdot 6 = 6$, $\varphi(15) = 2 \cdot 4 = 8$. $n = 12$ のときは $1, 5, 7, 11$ のみ n と互いに素, よって $\varphi(12) = 4$. $n = 16 = 2^4$ のときは奇数のみ n と互いに素, よって $\varphi(16) = 8$. $n = 18 = 2 \cdot 3^2$ のとき $1, 5, 7, 11, 13, 17$ のときのみ互いに素, よって $\varphi(18) = 6$.

24.3. $\varphi(15) = 8$. $2^8 - 1 = (2^4)^2 - 1 \equiv 1^2 - 1 = 0 \pmod{15}$.

25.1. $x = 5y + 1 \equiv 2 \pmod{7}$, $5y \equiv 1 \pmod 7$, 3倍して $y \equiv 15y \equiv 3 \pmod 7$, よって $y = 7z + 3$, $x = 5(7z+3) + 1 = 35z + 16$. $35z + 16 \equiv 3 \pmod{11}$, $2z \equiv -13 \equiv -2 \pmod{11}$. $2z + 2 = 2(z+1)$ が 11 で割れるので, $z+1$ が 11 で割れる. よって $z \equiv -1 \equiv 10 \pmod{11}$, $x = 35(11t + 10) + 16 = 385t + 366$. 答えは $x \equiv 366 \pmod{385}$.

28.1. $23 - 1 = 22 = 2 \times 11$. $2^{11} = (2^4)^2 \cdot 2^3 \equiv (-7)^2 \cdot 8 \equiv 3 \cdot 8 \equiv 1$. $3^{11} = (3^3)^3 \cdot 3^2 \equiv 4^3 \cdot 3^2 = (2^3 \cdot 3)^2 \equiv 1$. $5^2 = 23 \equiv 2$. $5^{11} = (5^2)^5 \cdot 5 \equiv 2^5 \cdot 5 \equiv 9 \cdot 5 \equiv -1$. よって 5 の位数は 2 でも 11 でもない. よって 5 の位数は 22 となり 5 が原始根となる.

29.1. $83 \equiv 3 \pmod 8$ よって $\left(\dfrac{30}{83}\right) = \left(\dfrac{2}{83}\right)\left(\dfrac{3}{83}\right)\left(\dfrac{5}{83}\right) = (-1)(-1)\left(\dfrac{83}{3}\right)\left(\dfrac{83}{5}\right) = \left(\dfrac{2}{3}\right)\left(\dfrac{3}{5}\right) = \left(\dfrac{2}{3}\right)\left(\dfrac{5}{3}\right) = \left(\dfrac{2}{3}\right)^2 = 1$. $1 \equiv 30^{(83-1)/2} = 30^{41}$, $30 \equiv 30^{42} = (30^{21})^2$. $30^2 \equiv 70 \pmod{83}$. $30^4 \equiv 70^2 \equiv 3$. $30^5 \equiv 90 \equiv 7$. $30^{10} \equiv 7^2 = 49$. $30^{20} \equiv 49^2 \equiv -6$. $30^{21} \equiv -6 \times 30 \equiv -14$. よって $14^2 \equiv 30 \pmod{83}$.

35.1. $n = p \cdot q$ のとき, x が n で割れれば $y \equiv x^r \equiv 0 \pmod n$. よって $y^s \equiv 0 \equiv x \pmod n$ となる. x が p で割れて q で割れないとき, 同じように $y^s \equiv 0 \equiv x \pmod p$, $y^s \equiv x(x^{q-1})^{(p-1) \cdot k} \equiv x \cdot 1^{(p-1) \cdot k} \equiv x \pmod q$. つまり $y^s - x$ は p でも q でも割れる. よって $n = pq$ で割れ, $y^s \equiv x \pmod n$ が得られた.

第 6 章

36.1. まず $\mathbf{Z}[x]$ における**単数**の定義をしなければならない. u が単数とはその逆数 $\dfrac{1}{u}$ も $\mathbf{Z}[x]$ に属するものである. それは 1 または -1 しかない. 次に**素因子**であるが, a が素因子とは, $a = b \cdot c$ と分解したとき, b または c が必ず単数になるときである. すると $\mathbf{Z}[x]$ における素因子とは通常の素数および 1 次以上の x の既約多項式である. $\mathbf{Z}$ で素因子分解の一意性が成立するので $\mathbf{Z}[x]$ でも素因子分解の一意性が成り立つ, というのが原始多項式を使って証明されたわけである.

(1) $\mathbf{Q}[x,y]$ における単数とは 0 以外の $\mathbf{Q}$ の元であり，素因子は $\mathbf{Q}[x]$, $\mathbf{Q}[y]$, $\mathbf{Q}[x,y]$ の既約多項式となる．$\mathbf{Q}[x,y]$ の既約多項式とは x も y も含まれる多項式のつもりである．$\mathbf{Q}[x,y]$ を $\mathbf{Q}[y]$ 係数の x の多項式と考えれば，$\mathbf{Z}$ に対応するものは $\mathbf{Q}[y]$ であり，$\mathbf{Q}$ に対応するものは，$\mathbf{Q}(y) = \mathbf{Q}$ 係数の y の有理式全体 となる．

(2) $\mathbf{F}_p[x,y]$ に対してもほぼ同様である．単数は 0 以外の $\mathbf{F}_p$ の元であり，素因子は $\mathbf{F}_p[x]$, $\mathbf{F}_p[y]$, $\mathbf{F}_p[x,y]$ の既約多項式となり，$\mathbf{F}_p[x,y]$ を $\mathbf{F}_p[y]$ 係数の x の多項式と思えば $\mathbf{Z}$ に対応するものが $\mathbf{F}_p[y]$ であり，$\mathbf{Q}$ に対応するものが $\mathbf{F}_p(y)$ となる．

(3) $\mathbf{Z}[x,y]$ に対しては，もう一段複雑になる．単数は 1 または -1 である，素因子は通常の素数や $\mathbf{Z}[x]$, $\mathbf{Z}[y]$, $\mathbf{Z}[x,y]$ の既約多項式である．$\mathbf{Z}$ において素因子分解の一意性が成り立つので $\mathbf{Z}[y]$ でも素因子分解の一意性が成り立ち，それを使って $\mathbf{Z}[x,y]$ においても素因子分解の一意性が成り立つわけである．$\mathbf{Z}[x,y]$ を $\mathbf{Z}[y]$ 係数の x の多項式と思えば $\mathbf{Z}$ に対応するものが $\mathbf{Z}[y]$ であり，$\mathbf{Q}$ に対応するものが $\mathbf{Q}(y)$ となる．

(4) $\mathbf{Q}[x,y,z]$ は $\mathbf{Q}[z]$ の素因子分解の一意性より $\mathbf{Q}[y,z]$ の素因子分解の一意性が導かれ，次に $\mathbf{Q}[x,y,z]$ の素因子分解の一意性が得られるわけである．単数は 0 以外の $\mathbf{Q}$ の元であり，素因子は $\mathbf{Q}[x]$, $\mathbf{Q}[y]$, $\mathbf{Q}[z]$, $\mathbf{Q}[x,y]$, $\mathbf{Q}[x,z]$, $\mathbf{Q}[y,z]$, $\mathbf{Q}[x,y,z]$ の既約多項式となる．$\mathbf{Q}[x,y,z]$ を $\mathbf{Q}[y,z]$ を係数とする x の多項式と思えば，$\mathbf{Z}$ に対応するものが $\mathbf{Q}[y,z]$ であり，$\mathbf{Q}$ に対応するものは $\mathbf{Q}(y,z) = \mathbf{Q}$ 係数の y と z の有理式全体，となる．

37.1. $f(x) = a_n x^n + a_{n-1} x^{n-1} + \cdots + a_0$ のとき，x に a を代入するとは，$f(a) = a_n a^n + a_{n-1} a^{n-1} + \cdots + a_0$ のことである．$g(x) = b_m x^m + b_{m-1} x^{m-1} + \cdots + b_0$ とすると，$n \geq m$ のとき，

$$f(x) + g(x) = a_n x^n + \cdots + (a_m + b_m) x^m + \cdots + (a_0 + b_0)$$

である．この右辺において $x = a$ を代入すると，

$$a_n a^n + \cdots + (a_m + b_m) a^m + \cdots + (a_0 + b_0)$$
$$= (a_n a^n + \cdots + a_0) + (b_m a^m + \cdots + b_0) = f(a) + g(a)$$

となる．つまり多項式を足してから x に a を代入しても，多項式に $x = a$ を代入してから加えても同じ結果になる．

$$f(x) \cdot g(x) = a_n b_m x^{n+m} + \cdots + \left(\sum_{i+j=k} a_i b_j \right) x^k + \cdots + a_0 b_0$$

である．これが多項式の掛け算の定義である．この右辺に $x = a$ を代入すると

$$a_n b_m a^{n+m} + \cdots + \left(\sum_{i+j=k} a_i b_j\right) a^k + \cdots + a_0 b_0$$

$$= (a_n a^n)(b_m a^m) + \cdots + \left(\sum_{i+j=k} (a_i a^i)(b_j a^j)\right) + \cdots + a_0 b_0$$

$$= (a_n a^n + a_{n-1} a^{n-1} + \cdots + a_0)(b_m a^m + b_{m-1} a^{m-1} + \cdots + b_0) = f(a)g(a)$$

となる．つまり多項式を掛けてから $x = a$ を代入しても，多項式に $x = a$ を代入してから掛けても同じ結果になる．あたりまえのようであるが，係数が行列の場合など，行列 b_j と行列 a が交換できないとき，うっかり x に a を代入してはいけない理由がわかるであろう．以上のことより $f(x) = (x-a)g(x)+r$ のとき，$f(a) = (a-a)g(a)+r = r$ となるわけである．

37.2. $x, x+1$ で割り切れるものは，すぐわかる．残りで既約でないものは，2次式と 3 次式の積である．つまり

$$(x^2 + x + 1)(x^3 + x\,2 + 1) = x^5 + x + 1$$
$$(x^2 + x + 1)(x^3 + x + 1) = x^5 + x^4 + 1$$

である．残りは，係数だけをかくと 111101, 111011, 110111, 101111, 101001, 100101 の 6 つである．

38.1. $f(x) = a_m x^m + \cdots + a_0$, $g(x) = b_m x^m + \cdots + b_0$, $n \geq m$ とすると

$$f(x) + g(x) = a_n x^n + \cdots + (a_m + b_m)x^m + \cdots + (a_0 + b_0)$$

となり，右辺を微分すると，

$$na_n x^{n-1} + \cdots + m(a_m + b_m)x^{m-1} + \cdots + (a_1 + b_1)$$
$$= (na_n x^{n-1} + \cdots + a_1) + (mb_m x^{m-1} + \cdots + b_1) = f'(x) + g'(x)$$

となる．

39.1. $f'(x) = x^6 + x^2 = x^2(x+1)^4$, よって $(f(x), g(x)) = 1$. $x^8 = x^7 + x^4 + x^3 + 1$ $x^{10} = x^7 + x^6 + x^3 + x^2 + x + 1$ $x^{12} = x^3 + x^2 + x$ $x^{14} = x^5 + x^4 + x^3$, よって 2 つの解が得られ，$g_1(x) = 1$, $g_2(x) = x(x^5 + x^2 + 1)$ $(f(x), x^5 + x^2 + 1) = x^5 + x^2 + 1$, $f(x) = (x^5 + x^2 + 1)(x^3 + x^2 + 1)$ となる．

40.1. 他に $G_1(x), H_1(x)$ があったとすると最高次の係数が 1 より

$$G_1(x) = g(x) + pE_1(x), \quad H_1(x) = h(x) + pD_1(x)$$

$$\deg E_1(x) < \deg g(x), \quad \deg D_1(x) < \deg h(x)$$

と表せる．$\bmod p^2$ で計算すると

$$f(x) \equiv G_1(x)H_1(x) \equiv g(x)h(x) + p\left(g(x)D_1(x) + h(x)E_1(x)\right) \pmod{p^2}$$

よって $g(x)D_1(x) + h(x)E_1(x) \equiv C_1(x) \pmod{p}$ となる．このような $D_1(x), E_1(x)$ は，$\bmod p$ でただ1つ定まる．つまり $D_1(x) \equiv A_1(x), E_1(x) \equiv B_1(x) \pmod{p}$ となり，$G_1(x) \equiv g_1(x), H_1(x) \equiv h_1(x) \pmod{p^2}$ となる．

41.1. $a_n > 0$ で，また $a_{n-1}, \cdots, a_0$ は 0 または正で，1 つは 0 でないとする．

$$f(x) = a_n x^n - a_{n-1} x^{n-1} - \cdots - a_0 = 0$$

の正の解がただ 1 つであることを，帰納法で示す．$n = 1$ のとき，$a_1 x - a_0 = 0$ は $x = a_0/a_1$ となり，ただ 1 つ正の解を持つ．$n-1$ まで正しかったとする．

$$f'(x) = n a_n x^{n-1} - (n-1) a_{n-1} x^{n-2} - \cdots - a_1$$

は $a_{n-1} = \cdots = a_1 = 0$ ならば，$x > 0$ に対して $f'(x) > 0$ なので単調増加であり，$f(0) = -a_0 < 0$ なので，$f(x) = 0$ はただ 1 つ正の解を持つ．a_{n-1} から a_1 の中で，0 でないものがあれば，$f'(x) = 0$ はただ 1 つ正の解を持つ．それを γ とすれば $0 < x < \gamma$ のとき $f'(x) < 0$ であり，$f(x)$ はこの範囲で単調減少となり，$\gamma < x$ のとき $f'(x) > 0$ となるので $f(x)$ は単調増加となる．よって $f(x) = 0$ はただ 1 つ正の解を持つ．

$$x^n - |b_{n-1}| x^{n-1} - \cdots - |b_0| = 0$$

の正の解を β とする．($b_{n-1} = \cdots = b_0 = 0$ ならば $x^n = 0$ は $x = 0$ しか解がない．) $\beta < |\alpha|$ ならば，正の解が 1 つしかないことより

$$|F(\alpha)| = |\alpha^n + b_{n-1} \alpha^{n-1} + \cdots + b_0| \geq |\alpha|^n - |b_{n-1}| \cdot |\alpha|^{n-1} - \cdots - |b_0| > 0$$

となる．つまり $F(\alpha) \neq 0$ となる．

第 7 章

43.1.

$+$	1	α	α^2	α^3	α^4	α^5	α^6
1	0	α^3	α^6	α	α^5	α^4	α^2
α	α^3	0	α^4	1	α^2	α^6	α^5
α^2	α^6	α^4	0	α^5	α	α^3	1
α^3	α	1	α^5	0	α^6	α^2	α^4
α^4	α^5	α^2	α	α^6	0	1	α^3
α^5	α^4	α^6	α^3	α^2	1	0	α
α^6	α^2	α^5	1	α^4	α^3	α	0

43.2. $H(\vec{a}+\vec{e}_{i+1}+\vec{e}_{j+1}) = \alpha^i + \alpha^j = \alpha^i(1+\alpha^{j-i})$. これが 0 になるには $\alpha^{j-i}=1$ のときで, $1 \leq i < j \leq 7$ なら 0 にならない. よって誤りが発生したと検出できる. $\alpha^i + \alpha^j = \alpha^k$ となる k は存在するので, $k+1$ ビット目が誤って伝わった場合と区別できない. ただ $k+1$ ビット目を訂正しても, 文章がおかしくなるであろう.

44.1. 独立な解を横ベクトルで書くと,

100010111000000, 110011100100000, 011001110010000, 101110000001000

010111000000100, 001011100000010, 000101110000001

44.2. $H\vec{b} = \begin{pmatrix} \alpha \\ \alpha^3 \end{pmatrix}$. よって 2 ビット目がエラー. 正しいコードは 100010111000000 である.

44.3. $s_1 = \alpha^{10}$, $s_2 = \alpha^2$, $s_2/s_1 + s_1^2 = \alpha^{13}$, $\alpha^6 + \alpha^7 = \alpha^{10} = s_1$. よって 7 ビット目と 8 ビット目がエラー. よって正しいコードは 101110000001000 である.

45.1. 独立な解ベクトルは, 横ベクトルで書くと

$$\alpha^3\alpha 1\alpha^3 100,\ \alpha^6\alpha^6 1\alpha^2 010,\ \alpha^5\alpha^4 1\alpha^4 001$$

よって解の個数は $8^3 = 512$ である.

45.2. $s_1 = 0$, $s_2 = \alpha^4$, $s_3 = \alpha^3$, $s_4 = \alpha$, $\delta+\epsilon = \alpha^6$, $\delta\epsilon = 1$, $\delta = \alpha^3$, $\epsilon = \alpha^4$, $\gamma = \alpha$, $\beta = \alpha^2$, $\alpha + \alpha^2 = \alpha^4$, $\alpha + \alpha = 0$. よって正しいコードは $\alpha^5\alpha^4 1\alpha^4 0 0 1$ である.

第 8 章

47.1. $\alpha = (m, n)$, $\gamma = (r, s)$ ならば, $\alpha+\gamma = (m+r, n+s)$. $0 \leq r$, $0 \leq s$ より $m \leq m+r$ かつ $n \leq n+s$. よって $\alpha \leq \alpha+\gamma$. 逆に $\alpha \leq \beta = (p, q)$ ならば $m \leq p$ かつ $n \leq q$. よって $r = p-m$, $s = q-n$, $\gamma = (r, s)$ とおけば $\beta = \alpha+\gamma$.

48.1. $f(x, y) = h_1 f_1 + \cdots + h_t f_t$, $g = k_1 f_1 + \cdots + k_t f_t$ ならば $f + g = (h_1 + k_1)f_1 + \cdots + (h_t + k_t)f_t$, $h_i + k_i \in \mathbf{Q}[x, y]$, よって $f + g \in I$.

48.2. $(m_1, n_1) \succ (m_2, n_2) \succ \cdots$ のとき, 集合 $\{(m_i, n_i)\}$ の最小値を (m_k, n_k) とする. 整列順序だから必ずこのような (m_k, n_k) は存在する. よって k 回目で止まる.

49.1. $I = \left\langle xy - \frac{1}{2}x^3,\ y^2 - \frac{1}{2}x^2y - \frac{1}{2}x \right\rangle = \left\langle xy - \frac{1}{2}x^3,\ y^2 - \frac{1}{4}x^4 - \frac{1}{2}x \right\rangle$. $\mathrm{rem}\left(\left(xy - \frac{1}{2}x^3\right) \vee \left(y^2 - \frac{1}{4}x^4 - \frac{1}{2}x\right),\ G\right) = \frac{1}{2}x^2$. よって $I = \left\langle xy,\ y^2 - \frac{1}{2}x,\ x^2 \right\rangle$ が答.

49.2. 共通因子があったとして $h(x, y)$ とする. もし $h(x, y)$ を $\mathbf{Q}(y)[x]$ の多項式と思ったとき, その x の次数が正ならば, $\mathbf{Q}(y)[x]$ の中で, g_1, g_2 は互いに素で

はない．同様に $\mathbf{Q}(x)[y]$ の多項式と思ったとき，y の次数が正ならば $\mathbf{Q}(x)[y]$ の中で g_1, g_2 は互いに素ではない．よって x を優先した辞書式順序で極小グレブナー基底の中に y のみの多項式があり，y を優先した辞書式順序で極小グレブナー基底の中に x のみの多項式があることが，共通因子をもたない必要十分条件である．$\langle x^3 - 2xy,\ x^2y + x - 2y^2 \rangle = \langle x - 2y^2,\ y^3 \rangle = \langle xy,\ 2y^2 - x,\ x^2 \rangle$ より共通因子を持たない．

49.3. $\langle x^2 + y^2 + z^2 - 4,\ x^2 + 2y^2 - 5,\ xz - 1 \rangle = \langle x^2 + y^2 + z^2 - 4,\ y^2 - z^2 - 1,\ xz - 1 \rangle = \langle x^2 + 2z^2 - 3,\ y^2 - z^2 - 1,\ xz - 1 \rangle$．$(x^2 + 2z^2 - 3) \vee (xz - 1) = x + 2z^3 - 3z$．$I \ni x + 2z^3 - 3z$．よって $I = \langle x + 2z^3 - 3z,\ y^2 - z^2 - 1,\ 2z^4 - 3z^2 + 1 \rangle$．

参　考　書

　第1章より第4章までは
[1] 和田秀男：コンピュータ入門，岩波書店，1982
の後編とほぼ同様である．計算機の原理および可能性と限界は1930年代に定まっている．これから100年たっても4章までの内容は変わらない．その数学的基礎付けは
[2] M.デーヴィス(渡辺　茂，赤　攝也訳)：計算の理論，岩波書店，1966
の第1部が良い．[1]を書くとき
[3] 松木　忠：電子計算機標準テキスト，オーム社，1970
を参考にした．
　第5章の初等整数論の部分は名著
[4] 高木貞治：初等整数論講義（第2版），共立出版，1971
がある．もう少しやさしい本はたくさんある．たとえば
[5] 和田秀男：数の世界，岩波書店，1981
がある．UBASIC は整数論用のベーシックである．これを開発した木田氏による次の本には素因子分解について多く書かれている．
[6] 木田祐司，牧野潔夫：コンピュータ整数論，日本評論社，1994
この本には UBASIC のソフトが付録についている．UBASIC には大きな数の素因子分解のプログラムが組まれていて，それだけでも UBASIC は貴重である．
[7] 和田秀男：コンピュータと素因子分解（改訂版），遊星社，1999
にはアドレマン・ルメリー法など多くのことが書かれている．より具体的には
[8] 森本光生，木田祐司，小林美千代，山崎愛一：円分数の素因子分解，上智大学数学講究録 No.26,1987, No.29,1989, No.35,1992, No.42,1999
が良い．最新の数体ふるい法なども書かれている．この講究録は，マテマティカ(Tel.

03-3816-3724) または友隣社 (Tel. 03-3814-0275) より手に入る．楕円曲線については
[9] J.H. シルバーマン，J. テート (足立恒雄ほか訳)：楕円曲線論入門，シュプリンガー・フェアラーク東京，1995

が良い．素因子分解の実例も書いてある．第6章は
[10] 佐々木建昭：数式処理，岩波講座情報 23，第 4 章，岩波書店，1986

を参考にした．クヌースの大著 The art of computer programming の第 4 分冊
[11] D.E. Knuth (中川啓介訳)：準数値算法/算術演算，サイエンス社，1986

にはいろいろなことが書かれている．第 7 章は
[12] 平松豊一：応用代数学，裳華房，1997
[13] 水野弘文：符号理論と代数幾何，サイエンス社，数理科学 3 月号，1994

などを参考にした．第 8 章は，
[14] 大阿久俊則：グレブナ基底と線型編微分方程式系，上智大学数学講究録 No.38, 1994

の第 1 章を参考にした．最近のことは，
[15] 上野健爾・志賀浩二・砂田利一編集：グレブナー基底，日本評論社，数学のたのしみ No.11, 1999

に書かれている．§50 のスツムルの定理は
[16] 高木貞治：代数学講義（改訂新版），共立出版，1965

に詳しく書かれている．この本の内容は古き時代の代数学ではあるが，それだけ具体的で，面白く，いろいろなアルゴリズムの参考になる．
[17] T. Saito：An Extension of Sturm's Theorem to two dimensions, *Proc. Japan Acad.*, **73**, No.1(1997),18-19

が §50 の原論文である．

　この本は LaTeX で書いた．今まであまりワープロを使っていなかったので，大変だった．一番参考にした本は
[18] 奥村晴彦：LaTeX, LaTeX2ε，技術評論社，1991, 1997

である．数式はとても便利に書けるが，図は苦労した．たとえば，§34 の楕円曲線は UBASIC でデータを作りながら画いた．ポストスクリプト言語で直接書けば良いはずだと思い，
[19] Adobe System (野中浩一訳，アスキー出版技術部監)：PostScript チュートリアル & クックブック，アスキー出版局，1989
[20] Adobe System (Adobe System Japan 監訳)：Post Script リファレンス・マニュアル (第 2 版)，アスキー出版局，1991

を少し読み，§46, §47 の楕円曲線，楕円，網かけを画いた．ポストスクリプト言語でプログラムを書くのは，少し慣れれば，他の言語でプログラムを書くのと同じである．むしろ日本語と同じ順序なので，書きやすい．

索　引

あ　行

アイゼンシュタインの判定法　146
アキュムレータ　14, 49, 52
アセンブリ言語　25
アセンブリ命令　19
アドレマン・ルメリー法　82
アルゴリズム　24
位数　70, 85
イデアル　131
演算回路　49
演算装置　14, 53
オイラー関数　64
オイラー規準　75
オイラーの定理　65

か　行

解読回路　42
ガウス記号　8
ガウスの和　148
仮数部　13
完全数　79
記憶装置　14, 50
機械語　25
擬剰余　134
奇素数　74
既約類　65
極小グレブナー基底　140
擬割り算　134
グレブナー基底　132
クロックパルス　43
ケー　1

さ　行

桁あふれ　11
原始根　72
原始多項式　90
語　5
公開鍵暗号　86
合同　57
合同式　8, 57
公約数　22
最大公約数　22
サブルーチン　31
算術シフト　8
辞書式順序　128
次数　130
指数部　13
種数　125
順序回路　47
剰余定理　93
署名　87
スツムルの定理　145
整列順序　129
0 番地　14
全加算器　39
添字　29

た　行

体　115
第 1 補充法則　148
第 2 補充法則　148
代数幾何符号　126
楕円曲線　83

168　索　引

楕円曲線法　86
互いに素　62
単項イデアル　141
中国の剰余定理　67
抽象化　61
特殊数体ふるい法　83

　　　　な　行

流れ図　20
2次ふるい法　83
2進カウンタ　45
2進法　3
2の補数表示　6
ノルム　109

　　　　は　行

排他的論理和　38
ハミングコード　114
パリティビット　113
パルス　43
パルス電流　48
パルス発生装置　48
番地解読回路　49, 50, 52
番地部　25, 52
ビット　5
否定　37
105 減算　68
フェルマー数　76
フェルマーテスト　69
フェルマーの小定理　63
複数多項式2次ふるい法　83
符号　114
符号化回路　41
符号ビット　6
浮動小数点表示　13
フリップフロップ回路　43
プログラム　18
プログラムカウンタ　33, 50
プログラム内蔵方式　24
平方因子の消去　95
平方剰余　74
　　──の相互法則　76, 151

平方剰余記号　75
平方非剰余　74
ペパンの判定法　78
ベルレ・カンプの方法　97
ヘンゼルの補題　104
法　57

　　　　ま　行

命令解読回路　49, 52
命令部　25, 52
命令レジスタ　33, 49, 50
メルセンヌ数　79
メルセンヌ素数　79
モノイデアル　129

　　　　や　行

有限生成　129
有限体　60, 115
有理点　125
ユークリッドの互除法　24
4進カウンタ　46

　　　　ら　行

離散対数問題　88
リード・ソロモンコード　121
リーマン・ロッホの定理　126
ルカステスト　80
論理回路　37
論理積　37
論理和　37

　　　　欧　文

Acc　14
add　15
AND 回路　35
BCH コード　120
$d(f)$　130
$d(S)$　131
deg　89
D 型フリップフロップ　44
$\mathbf{F}_2$　60

F_n 76
$\mathbf{F}_p$ 60
FA 39
jump 18
jump minus 18
K 1
load 14
M_p 79
mod 8, 57
$mono(A)$ 129
NOT 回路 37
OR 回路 36
$p-1$ 法 71
PC 33
$rem(f,G)$ 133
stop 15, 28
store 14
subtract 15

記号

$[\alpha]$ 8
$\equiv$ 8, 57
$\bar{x}$ 10
(x,y) 23
$\oplus$ 38
$\langle a,b \rangle$ 64
$\varphi(n)$ 64
$\left(\frac{a}{p}\right)$ 74
$|F(x)|$ 109
$\leq$ 128
$\preceq$ 128
$\langle f_1, f_2, \ldots, f_t \rangle$ 132
$\langle G \rangle$ 132
$m \vee p$ 134
$\alpha \vee \beta$ 134
$f(X) \vee g(X)$ 134

著 者 略 歴

和 田 秀 男（わだ・ひでお）

1940年　愛知県に生まれる
1963年　東京大学理学部数学科卒業
現　在　上智大学理工学部数学科教授・理学博士

新数学講座 12
計 算 数 学　　　　　　　　　　　定価はカバーに表示

2000年10月10日　初版第1刷
2007年11月25日　　　第2刷

著　者　和　田　秀　男
発行者　朝　倉　邦　造
発行所　株式会社 朝 倉 書 店

東京都新宿区新小川町 6-29
郵 便 番 号 162-8707
電　話 03(3260)0141
FAX 03(3260)0180
http://www.asakura.co.jp

〈検印省略〉

Ⓒ2000〈無断複写・転載を禁ず〉　　　三美印刷・渡辺製本
ISBN 978-4-254-11442-3　C3341　　　Printed in Japan

好評の事典・辞典・ハンドブック

法則の辞典	山崎 昶 編著	A5判 504頁
統計データ科学事典	杉山高一ほか3氏 編	A5判 700頁
物理データ事典	日本物理学会 編	B5判 600頁
統計物理学ハンドブック	鈴木増雄ほか4氏 訳	A5判 608頁
炭素の事典	伊与田正彦ほか2氏 編	A5判 660頁
自然災害の事典	岡田義光 編	B5判 708頁
分子生物学大百科事典	太田次郎 監訳	B5判 1176頁
生物物理学ハンドブック	石渡信一ほか4氏 編	B5判 680頁
ガラスの百科事典	作花済夫ほか8氏 編	A5判 650頁
モータの事典	曽根悟ほか2氏 編	A5判 550頁
電子物性・材料の事典	森泉豊栄ほか4氏 編	A5判 696頁
電子材料ハンドブック	木村忠正ほか3氏 編	B5判 1012頁
機械加工ハンドブック	竹内芳美ほか6氏 編	A5判 536頁
計算力学ハンドブック	矢川元基ほか1氏 編	B5判 680頁
危険物ハザードデータブック	田村昌三 編	B5判 512頁
風工学ハンドブック	日本風工学会 編	B5判 432頁
水環境ハンドブック	日本水環境学会 編	B5判 760頁
地盤環境工学ハンドブック	嘉門雅史ほか2氏 編	B5判 600頁
建築生産ハンドブック	古阪秀三ほか7氏 編	B5判 728頁
咀嚼の事典	井出吉信 編	B5判 372頁
生体防御医学事典	鈴木和男 監修	B5判 376頁
機能性食品の事典	荒井綜一ほか4氏 編	B5判 500頁

価格・概要等は小社ホームページをご覧ください．